建筑设计合力交付平台的
体系与执行
—— 以建筑师负责制为背景 ——

方晔◎著

U0173302

INTEGRATED
ARCHITECTURE
DESIGN
PLATFORM

中国建筑工业出版社

图书在版编目（CIP）数据

建筑设计合力交付平台的体系与执行：以建筑师负责制为背景／方晔著. —北京：中国建筑工业出版社，2021.5

ISBN 978-7-112-26131-4

Ⅰ.①建… Ⅱ.①方… Ⅲ.①建筑工程–工程项目管理–研究 Ⅳ.①TU712.1

中国版本图书馆CIP数据核字（2021）第079925号

责任编辑：李成成
版式设计：锋尚设计
责任校对：李美娜

建筑设计合力交付平台的体系与执行
以建筑师负责制为背景
方晔 著

*

中国建筑工业出版社出版、发行（北京海淀三里河路9号）
各地新华书店、建筑书店经销
北京锋尚制版有限公司制版
北京建筑工业印刷厂印刷

*

开本：787毫米×1092毫米 1/16 印张：15 字数：282千字
2021年6月第一版 2021年6月第一次印刷
定价：68.00元
ISBN 978-7-112-26131-4
（37602）

建筑，作为人类社会活动的载体，自人类产生智慧起，伴随着社会的发展不断革新，其内涵已经从仅需要提供遮蔽的简单功能，演变成需要同时满足经典建筑学和科技等内容的具有多重复杂要求的一种产品，而产品的属性与有效的大规模的社会化生产和高完成度的精细化生产组织模式有关，所以建筑的高品质来自多个专业的精细设计、相互融合，多系统在建筑中各自扮演不同角色，发挥不同功能，所有系统都需要精准设计并落位、严密咬合，才能达成建筑的高完成度。

"管理问题从来都是被技术的解决所终结。"随着科技水平的进步以及实际工程的需要，许多新的设计工具被开发出来，例如近年来愈发火热的BIM系统——利用技术的进步服务于建筑设计，在电脑上提前构建完整的三维建筑及内部系统模型，以保证建筑落地无误。如何让组织匹配上技术的进步，如何将设计思维进一步建立在技术进步之上，进而真正有效反馈到建筑完成度上，也将是诸多建筑相关行业组织机构的探索方向。

但笔者在大量的设计实践中，逐渐意识到现行的设计体系的诸多弊端，已经跟不上设计及建造体系的实际需求。

1. 团队脱节。传统的建筑设计体系，通常是方案团队进行方案设计，当进行到初步设计和施工图设计阶段时，由施工图团队接手。这种体系主要来源于不同的工作重心——"设计"＋"落地"。方案团队注重设计理念、造型塑造，施工图团队则侧重规范落地、技术可行。但很多时候，由于没有有效的设计组织和拉通的关键目标及追溯路径，两个团队工作相互分离，导致的结果是方案设计中建筑落地必要条件的缺失，纸面方案犹如空中楼阁；施工图设计没有方案设计的逻辑理念，落实项目后面目全非。尤其是当多业态、多专业、多专项复合参与时，诸多基于自身立场出发的诉求交错在复杂的语境中，很容易出现组织的无序化和结果的不理想。此时如果缺少建筑设计组织从理念源头进行全过程统筹把控，高完成度的建筑产品就无从谈起。

在笔者从长期主持方案设计和建筑企业管理层的复合视角观察之下，深感建筑设计组织工作如果不能全过程掌握贯彻设计过程、建立方案设计逻辑共识、拉通建筑落地要点，就极容易导致设计进度失控，在建筑类型日益专业化、建筑形体日益多样化、建筑系统日益复杂化、业主要求日益精细化的今天，需要更有效的设计体系。

2. 工具单一。现在大部分设计院使用的设计工具，依然是依靠单一的CAD图纸＋纸面计划表来进行专业间的沟通及交互，尤其在施工图设计阶段。二维图纸固有的局限性，使设计师难以在设计阶段就发现三维空间中多系统间的冲突，无法提前解决统筹应对，直到施工图设计完成后的施工配合阶段，才逐渐发现问题。即使有BIM这样的多系统交互平台，往往沦为"翻模"过程。由于此时备案已经完成，只能作为施工预算、施工组织等后续工作的补充。

3. 缺乏体系。建筑完成度需要时间的刚性投入，但是目前建筑设计师的设计工作日益繁重。项目受业主需求、经济货值、时间节点等条件限制，又需接受各种审查、评审、备案等系统性因素的双重叠加，导致设计师疲于"应对"工作。由于没有自身的体系，事后也缺少复盘总结，下一个项目又是"从头再来"，设计师的大量时间用于解决80%的同类问题，"二八原则"的经验和教训不能有效传递给团队——没有体系的工作就是无序的跟跑和盲动。

正因为以上诸多弊病，笔者所在的建筑设计团队深感传统设计思维、工作模式与日渐提升的建筑品质要求之间的脱节，同时团队内的许多年轻设计师也有工作标准量化和组织高效的需求。为了提升建筑完成度，也提高建筑师的个人素养和工作效率，我们制定了全新的工作体系，建立了一个新的工作平台——产品系，以串联起两个工作团队、三个设计进程，使建筑全过程能够处于设计师的掌控之下，合理推进设计计划。我们引入工业生产产品系的理念，建立起一套完整的建筑产品标准，设计了产品原型。这个产品系建立在对市场的大数据分析、对既往项目的总结优化、对未来业主需求的有效应答之上，整合各专业系统，具有极高的市场竞争力和设计合理性。在同类型的建筑设计实践中，80%基于产品系成果，20%进行创新。由于产品系本身的高完成度，保证了设计成果具有充分的合理性和落地性，从而打通了方案设计团队与施工落地之间的联系；20%的创新强调了不同项目间的个性化和标示性，引导施工图团队较好地理解方案设计的理念逻辑。团队间拉通共识，合力交付，高效工作，提高项目完成度。

本书即是对这个建筑全过程服务观念下的合力交付体系和产品设计思维的系统性阐述，目的是提高组织效率，创造高完成度的建筑产品。体系的关键在于"有共识的基础"+"可拉通的关键成果"这两件基础工作。从这个体系建立的初衷、过程、成果，该体系用到的工具、平台，设计的原则、流程，都结合实际项目的应用进行了详细介绍，以期帮助大家了解这个产品体系的内容，并明白自己在这个体系中的职责、作用、需要遵守的原则、需要达成的目标等。

这套合力交付体系和产品设计思维，是一个不断提升完善的过程，尽管本书已经写就，但产品系依然在一次又一次的实践中不断被拓展和优化，我们的工作流程也在不断被细化、被充实，在今后更多的项目实践中，这个体系会逐渐变得更为丰满且更具有可实操性。希望这种设计模式，能够达成设计师自身素质与建筑品质的双赢。

在本书出版之际，笔者要特别感谢团队的集体努力，感谢胡啸、祝豪樱以及其他团队成员在本书的写作过程中不遗余力地贡献自己的力量，感谢中国建筑出版传媒有限公司的编辑们在本书出版过程中细致周到的工作。在此，衷心感谢各位！

目录

第 **1** 章

建筑的完成艺术

第一节 建筑高品质完成度的时代

自改革开放之后，中国的大规模城镇化创造了人类历史上最大规模的城市建设过程。在此过程中，建筑作为其主要的物理空间，也步入了迅猛发展的历史进程。随着城镇化的进程越来越接近高点，与国际先进的建筑设计和建筑建造理念互相融合，对建筑的需求从接收端到创作端，从供方市场到买方市场，从解决有无问题到满足需求问题，这一切都预示着中国的建筑从大规模粗放型的建设走向了需求端、供给侧的精细化建设之路，对于建筑的要求也从基于马斯洛理论的生理需求逐渐走向顶端的自我实现、自我价值的需求。所以，在这个过程当中，对建筑的观念有了深刻的变化，建筑也必然在理念、设计、建造等各个方面产生了深刻变化。抛开社会的政治、经济治理等各方面的政策层面问题不谈，仅从建筑本身的产品角度来讨论，随着对建筑产品的要求日益精进，建筑高品质完成度的时代已经到来。

一、何谓高品质

何为建筑的高品质？笔者的个人观点是：在保证建筑坚固、适用、经济、美观的基本品质基础上，进一步围绕建筑的城市公共空间、社会经济价值、人文主义精神、工业制造精度、绿色生态环境以及智慧共享城市等各方面进行提高和升华。所以，高品质的建筑需要具备以下的条件：

1. 创造城市公共空间的魅力，满足公民社会的人文主义精神

随着中国社会步入公民社会，人们对美好生活的向往即是我们追求的目标，而

城市空间是体现公民社会需求的场所（图1-1）。所以，如何让建筑和建筑组合形成满足公民交往、生活、工作、消费等各方面需求，配套完善，又极具活力的城市空间是建筑所要承载的第一要务。高品质建筑必然能基于周边城市的输入条件，经过公共社会资源及公共利益的思考，创造出更富有活力的城市空间（图1-2）。

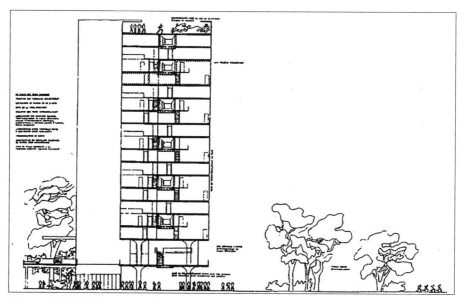

图1-1 "光辉城市"型公寓构想

1933年，在光辉城市的设计中，勒·柯布西耶就提出了将建筑物一层完全打开作为城市公共空间并在二层构筑连廊形成城市公共步行空间的构想。

来源：勒·柯布西耶《光辉城市》

图1-2 萧山文化中心项目方案中的建筑及城市广场

2. 工业制造的精度创造使用人群的建筑体验

随着建筑的建造从人力堆积慢慢步入大工业化生产阶段，建筑在制造的精度、制造的组织方式以及施工工艺等各方面都将围绕着所服务的人群的特定需求来细致展开。这些需求将推动对美学的感受、设备的精良度、生活的舒适度、环境的清洁度等各方面进一步提升（图1-3、图1-4）。

图1-3 哈尔滨大剧院（MAD）

图1-4 阿利耶夫文化中心（扎哈·哈迪德）
高精度的工业化生产和计算机介入后的参数化设计使建筑师得以设计并建造出复杂的建筑形态，赋予人群不同于传统的全新的建筑审美及空间体验。

3. 绿色生态环境和智慧共享城市

建筑将越来越秉承绿色生态的环境理念，通过各种绿色生态系统的建设，将建筑打造得更节能、更绿色、更环保。建筑的环保节能也将从初级的被动式走向高级的主动式，而这个过程当中也必然会充分地融入智慧化的手段。智慧化的城市将更有利于用大数据来掌控建筑的主动式节能、客群的时段性需求以及安全、舒适、共享的城市化进程。所以，绿色生态环境和智慧共享城市是基于建筑，但是高于建筑的科技化手段，将软性的方面进一步植入到刚硬的建筑当中去，使建筑得到第二次生命，让建筑活起来，是高品质建筑最终的追求。

二、如何达到高品质

基于以上对高品质建筑的理解，不难看出，建筑所需要涵盖的设计理念、工业手段、绿色生态和智慧化的内容将会越来越丰富。实事求是地讲，内容越丰富，也就意味着建筑设计的工作量越大。每栋建筑的建筑设计和建造将会包含更多的设计内容和专业融合。笔者曾参与的某一科技园项目当中，每次开会有将近20个专业的咨询机构一起参与讨论，在综合众多咨询机构的点点滴滴的细节当中可以看出：未来建筑设计将会考虑从城市的大环境一直到建筑某一具体智能化设备的安装节点的全过程。全品类的策划、设计建造和后评估的过程，都需要建筑师不仅具有良好的职业素养，还要能通过各种设计的工具去组织一个可创新、可拉通、能共识的合力交付平台。这个合力交付平台基于若干工具，使得整个团队可以有步骤、有目的地，定性、定标、定量地去完成整个建筑建造过程中的各个阶段、各个节点的工作。

三、何谓高完成度

高完成度的建筑更多的是指在建筑设计的本源工作当中对建筑把控的细致度的一种描述。具体表现为设计逻辑的高完成度、设计语汇的高完成度、各专业之间的高融合度、建筑品质的高完成度。

1. 设计逻辑的高完成度

设计逻辑的高完成度是指建筑理念是否贯穿整个设计的过程，是对设计师的建筑使命的终极问题——从城市的角度出发，从文化的角度出发，从空间理念的角度出发，对建筑由外及内的意义、关系、理念的执行。

2. 设计语汇的高完成度

设计语汇的高完成度是指设计手法能否贯穿整个设计的各个细节。我们大都被赖特所设计的流水别墅所折服，亲临其境可以感受到大师从环境出发将建筑与环境融合（图1-5），从意境出发将室内设计与自然深度融合，从需求出发对建筑的室内进行了深刻的挖掘，从舒适度出发对使用家具都有了深度细致的考量（图1-6）。而这四者之间又显得那么浑然一体，这就是设计语汇高完成度的典范。

图1-5　流水别墅外景——建筑与环境的融合（赖特）

图1-6　流水别墅内景——视线设计及材料选择上与环境的融合（赖特）

3. 各专业之间的高融合度

各专业之间的高融合度是指设计如何从初始阶段就将各专业变成设计的一种手段，将各专业从隐性变成显性，从从属变成主导，真正地将建筑、机电、结构以及各个方面的专业参与充分地显现出来，让各专业深度融合，体现出建筑的建造美学。

4. 建筑品质的高完成度

建筑品质的高完成度是指建筑在最终近人尺度的视角上和人的亲身感受方面，能够真正把控建筑的细节，用细节的严谨度和合理度来响应人对建筑的需求，使得建筑的每一个细节部分都能够充分地让人感受到设计的逻辑和工业加工的品质感。通过这些品质的完成度，能够引导人们对整个建筑的逻辑性、合理性、实用性有深刻的理解，让每个建筑细节都发挥出它应有的光芒。路易斯·康曾经说过："我问砖块'你想要怎么样'，砖块回答'我想要成为一个拱门'。"其最终想表达的意义是在宏大的建筑构思和微小的红砖之间形成贯彻始终而极富个性的建筑品质的完成度（图1-7、图1-8）。

图1-7 印度经济管理学院——宏大的几何外立面（路易斯·康）

图1-8　印度经济管理学院细部——微小的红砖及混凝土，通过细节设计及构造，构成宏大的整体建筑逻辑（路易斯·康）

四、基于建筑的高完成度设置目标，需要建立一套完整的合力设计工具

　　高完成度的设计目标，如果只依赖某一两个设计主创的坚持是无法形成团队合力的。真正好的合力交付工具是团队中每一个人对自身本职工作的理解，并在理解的基础上与团队的其他成员进行拉通，达成设计目标和最终成果的共识。也只有这样的方式，才能够使得团队的每位成员都有进步的阶梯和自我评价考核的标准。同时，每一个团队成员都建立起这样的工具体系和执行体系，才能使一座建筑从创意的初始一直到最终的完成都有良好的抓手，只有过程是优秀的，最终的成果才是优秀的。

第二节 建筑设计的执行体系

建筑的高品质设计来源于建筑的高完成度设计的组织体系。所以，我们建立了"一体三位三控"的"1-3-3"合力交付平台体系。下面我们对于"1-3-3"体系进行解读。

一、"一体"，指合力交付平台的体系

它包含了设计积累再创新的团队进步工具、产品标准和出图标准的底线工具、团队统一设计共识的理念工具、统一的价值观工具、全周期的各专业整合工具、拉通机制和预警机制的反映工具以及积极利用现代网络手段的合力共享网络平台工具。

其基本的逻辑是基于以下步骤，团队在进行任何一项建筑设计的任务之前必须进行充分的考量。每个建筑创新思维的出发点都是本团队在长期的工作过程当中进行的设计积累。由这些设计积累产生了整个团队的产品标准和出图标准，以此标准为团队再创新的出发点和抓手，而不是每个项目的每次设计都从头开始进行创新，因为那些创新是没有积累根源的。只有团队自身的积累才是自己最大的优势，这些优势结合新的输入条件，进行项目定性、定标、定量的讨论，产生该项目的设计目标和统一的价值观，把这些设计目标和统一的价值观输入到团队的每一个人的观点当中，进行进一步的深化。在深化的过程中，需要整合各专业、各专项的工作一起为设计目标服务，在工作过程中，对各专业形成拉通机制并对工作日程进度形成预警机制。把握好每个阶段工作的最终成果，做好全周期设计阶段的整合工作，并且积极地利用现代网络手段，形成线上工作和线下交流相结合的方式，共同促进合力交付平台的形成。每个动作都是下一个动作的前序条件。

二、"三位"，指创新运动的理念植入、拉通运动的条件输入、共识运动的全过程把控的三个维度的工具使用

1. 创新运动的理念植入

创新运动的理念植入主要是基于项目所处的环境，团队秉承一致的设计逻辑和设计语汇进行工作当中一以贯之的设计活动。主要包括探求城市空间魅力的城市理

念，寻找在地文化元素的文化理念，可感知的空间延续的空间理念，建筑设计语言全覆盖的建筑语汇，思考结构最终表现的样子，所见即所得的建构理念，链接客群需求的客群理念，统一对建筑表现的建筑外围护设计等团队所秉承的各个设计理念。这是在不同的项目前置条件下所进行的创新运动。

2. 拉通运动的条件输入

拉通运动的条件输入是基于方案设计与方案深化的条件输入，包括方案设计与各专业专项的输入拉通，设计纲要与负面清单的建筑主导专业输入拉通，交付标准的控制性手册以及业主策略、造价控制、项目要点的输入拉通等各个方面。拉通工作主要是建立各专业在不同阶段所需要秉承的拉通理念以及不同工种、不同专业在不同阶段所需要掌握的拉通工具，由这些工具一起形成整个项目的最终目标。前置条件下产生的设计纲要和负面清单，在负面清单的基础上要提供本项目各专业共同起草的交付标准控制手册、针对外部政府及委托方提出的关于最终愿景的策略问题、造价控制的逆向工程造价设计问题、重点区域所需要把握的项目要点如何重点营造等各个方面。只有基于专业与专业实践，团队与团队之间、阶段与阶段之间、内部与外部之间的各个不同需求的拉通工作才能产生一个合理的项目设计要点和交付标准。这一切都是对于团队在工作当中的前置条件，只是通过不同的输入条件，对输入条件做出合理的反应，使项目的设计要求从平面慢慢变得立体。

3. 共识运动的全过程把控

共识运动的全过程把控主要分为建筑方案的指标性把控、建筑方案的规范性把控、建筑深化方案的落地性把控、建筑深化方案的经济性把控、设计扩初深化的定性定标定量与施工图设计整合把控以及工程设计与工程建设的衔接。通过以上的内容可以看出，共识运动更多地体现出团队对于前置条件的把控和对于后续工种和阶段的把控。把控需要抓手，所以把控的内容更多是规范性和经济性的把控。对于每个阶段的方案进行脉动式的重复审核，紧紧地抓住建筑作为社会经济的承载物和人的使用空间而产生的规范性和经济性两方面，对于这些方面进行深度的定性、定量、定标的考虑，并且落实到施工图纸的设计上，进行图纸的多次把控。最终，反映在设计和工程的衔接上，要将设计形成的共识传递到工程建设的过程当中，并且深入其中，对工程建设中的建筑共识和建筑品质方面进行无缝的、多样性的、沙漏式的施工工程设计管理、设计服务、设计后评估。

三、"三控"，指具体的工作共识工具

其主要内容有：总结沉淀+产品线、负面清单+品控综合、总控周控表+方案阶段进行手册。

1. 总结沉淀+产品线

总结沉淀+产品线是指团队每一次工作都是基于团队自身大量的同类项目的积淀形成的团队产品线。在具体的工作当中执行"2-8"原则，即20%的创新和80%的继承。其相关变量即是新项目的输入条件引出的20%的创新，结合创新采用80%的继承。这样既能够很好地贴合新项目的愿景和要求，又能够通过团队的沉淀保证项目的品质。这是前提，也是团队实现建筑高品质、高完成度的基础。

2. 负面清单+品控综合

负面清单+品控综合是指针对每一个项目所面临的特殊情况，同时对设计上一阶段产生的问题和下一阶段要解决的问题进行负面清单的罗列，形成项目指导手册。通过指导手册来综合把控各专业专项在设计的融合阶段如何去解决遗留下来的问题，形成项目品控的前置条件，同时通过负面清单罗列出项目融合之前所要达到的最终成果的品质要求，在促进各项目融合的同时也注意到了建筑所要达到的品质，达到项目设计综合的品控。

3. 总控周控表+方案阶段指导手册

总控周控表主要是在团队拉通共识之后的共同时间进度表。总控周控表主要反映各专业、各专项在总体时间进度当中的每个阶段所需要完成的工作清单，同时也体现出了各专业先后介入互提条件的进度序列。同时通过总控、周控当中进度计划的完成即表格的进度条来反映出及时的预警机制，有效督促项目组掌握整个项目的进度，督促各专业依照总控周控表所要求的完成时间、工作内容来完成节点要求。

第三节　建筑完成体系的成熟执行组织架构

建筑完成体系是在建筑设计的合力交付平台完成之后所要采用的成熟的执行组织架构方式。其主要内容包括建筑设计与工程建设的无缝对接和全建设周期的设计服务。

一、建筑设计与工程建设的无缝对接

建筑设计与工程建设的无缝对接体现在建筑设计与工程建设的基本关系，建筑设计在工程建设当中的执行落地，建筑设计在新平台、新材料、新工艺上对工程建设的推动以及建筑设计整合各专业专项的能力等方面。这是基于目前国家所倡导的EPC工程总包，即以设计为龙头的工程总包模式对设计提出的新要求，另一方面，大力推行建筑师负责制和全过程咨询反映出了对于建筑师未来工作的新要求。所以，要着重厘清建筑设计与工程建设的基本关系，掌握好建筑设计在工程当中的角色和责权利关系，明确了这些关系之后才能明白建筑设计在工程建设中所要执行的工作内容和管理方式，具体到建筑设计与工程建设推动过程当中对各专业的整合，最终落实到建筑设计对工程建设的设计把控和设计管理工作当中去。

二、全建设周期的设计服务

全建设周期的设计服务是目前建筑设计机构所面临的服务内容和具体工作的选择项。表面上，建筑设计由于不掌握经济权力，所以在整个建造过程当中其话语权并不重要。但事实上，在整个工程的全建设周期范围内，建筑设计都是评判的依据和考量的承载物。所以在全建设周期的设计服务当中会有规划控制与城市设计服务、项目前期策划和可行性研究的服务、设计传承和创新设计的服务、方案创新和落地执行的服务、深化设计和施工图把控的服务、项目咨询和现场管理的服务以及信息模型和智慧工程的服务。这些工作内容也充分地体现出事前、事中、事后不同阶段的建筑设计服务内容的前延和后置以及全产业链延长段的服务内容。

在前期规划控制和城市设计项目前期策划和可行性研究阶段的工作是对项目的"前策划"做的事前具体工作。而在项目信息模型、智慧工程等阶段的工作是对项目"后评估"的事后具体工作延伸。在这个过程中，设计的传承和创新设计方案、创新和落地执行、深化设计和施工图把控、项目咨询和现场管理都是建筑设计师在项目的"设计管理"中的具体工作。我们必须坚信劳动必有回报，随着政策的深入推进，事前的策划和事后的评估以及事中的设计管理服务都将为设计师提供更多的工作目录清单和服务重点内容，并且能够像设计本职工作那样取得很好的回报。但这就需要建筑设计师在政策大力推行的过程中，先期具备相应的条件，才能在政策逐渐明晰的过程中取得相应的经验和职业素养，这样才能够更好地衔接社会的未来。世界上最难的事情和最应该做的事情都是同一件事情，所以在这方面虽然目前还没有看到更多的经济回报，但是一定要未雨绸缪，积极锻炼自己的能力，为将来打下很好的基础。

第2章

合力交付平台的体系工具建设

第一节　设计积累再创新的团队进步工具

建筑设计本身是由团体来完成的一项综合性、复杂性的工作。正因为如此，设计在大部分时间里都要依靠团队的合力来达到建筑的高完成度的标准。要想达到建筑的高完成度，不能完全依赖某一个能力突出的明星建筑师，而应是团队全体成员都具有良好的工作素养和共同的精品意识，这就要求设计团队有合理的进步工具。这样的进步工具能够使团队的设计具有两个显著的目标：第一个目标是基于合理的框架和合理的工作模式完成高完成度的建筑作品。第二个目标是基于大量的工作实践，团队完成积累和再创新的两个过程。唯有两者兼备的团队才能完成在手的工作，并基于大量已完成的建筑作品，为下一阶段的建筑设计打下良好的基础。我们卖的是我们几十年的经验积累而不是几个月的灵光一现。合力交付的基本逻辑思维导图如下：

1. 团队的基本组织架构

图2-1所示是我们团队的基本组织架构，是我们基于近20年的工作积累所形成的团队共同进步工具。纵向的划分是由方案设计、后期设计、工作模式三者组成的。横向则分为拉通运动、共识运动、创新运动。合力交付平台即成本组织架构当中的工作模式。在本表格当中，方案团队和后期团队是工作模式的两种执行要素。

2. 方案团队的工作类型与基本工具

方案团队的工作类型包括强排与概念设计、方案与深化设计、品控与总结、研发与创新四大界面。通过四大界面，方案团队针对创新运动和拉通运动，使用产品

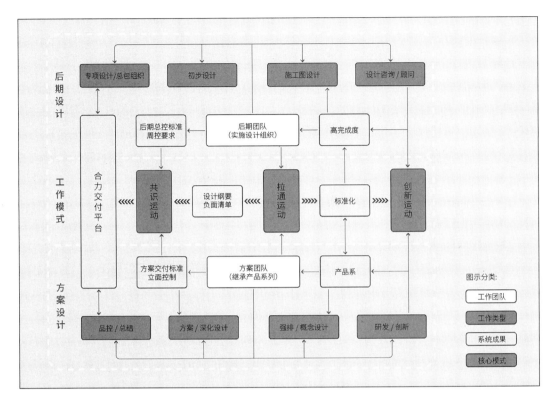

图2-1　团队基本组织构架及合力交付平台工作模式

系作为基本工具，针对拉通运动和共识运动，以方案交付标准立面控制等品控手段
作为基本工具（图2-2）。

3. 后期研发团队工作类型与基本工具

后期研发团队工作类型包括初步设计、施工图设计、专项设计与总包组织、设
计咨询与顾问四大界面。后期团队针对创新运动和拉通运动，以高完成度的作品作
为标准化的基础，针对拉通运动与共识运动，以后期总控标准和周控要求作为基本
工具（图2-3）。

4. 两个工作团队的合力平台

两个工作团队在项目设计执行中充分拉通，建立标准化的产品是高完成度的标
准，通过制定相应的交付控制纲要标准，实现团队技术执行的共识与技术发展的创
新，形成贯穿设计前后的合力交付平台（图2-4）。

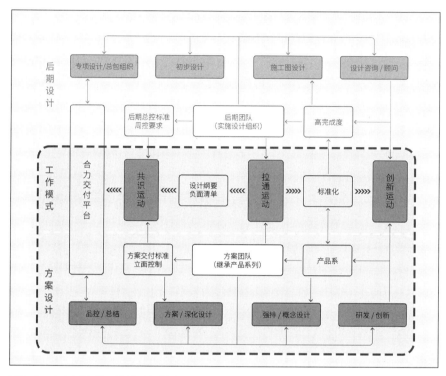

图2-2　方案团队的工作类型与基本工具

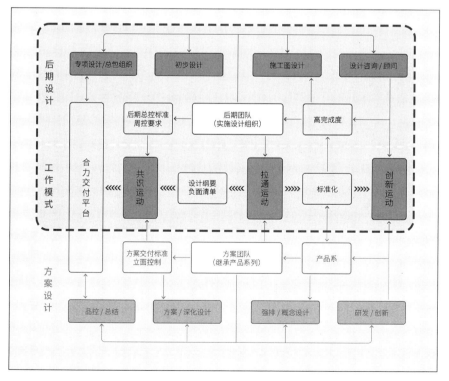

图2-3　后期研发团队工作类型与基本工具

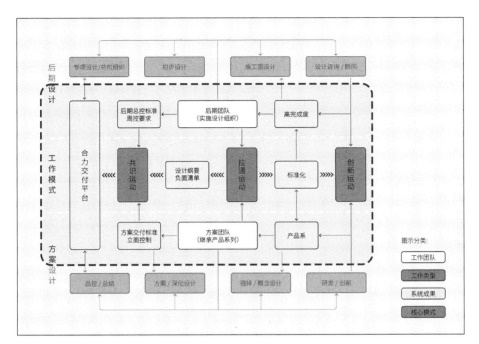

图2-4　两个工作团队的合力平台

第二节　产品标准和出图标准的底线工具

建筑设计具有工业性和艺术性的双重特性，建筑设计的落地是多专业、多产业联合的结果，高完成度的产品标准和统一的出图标准是高效率、高质量设计的保证工具。

一、产品系的设计背景

1. 对已建成项目缺少总结沉淀，新项目"从头开始"

传统设计模式中新项目"从头开始"的设计方式，使每个项目都要面临一次全新的技术、成本、美学、法规等多角度的考验。已建成项目的经验没有得到充分的总结利用，新项目又要再来一次，大量时间被无谓消耗，既是对经验的浪费，又影响新项目的品质。

2. 时间紧、任务重，设计师"头秃"但项目完成度没有保障

时间就是金钱。当下大部分建筑项目的周期都极为紧张，新项目次次从头再来

本就任务繁重，业主要求的设计时限还非常紧张，设计师熬夜秃头却往往是重复以前的项目已有的过程、解决曾经解决过的问题，还往往会在设计上有所疏漏，难以应对所有问题，最终的项目完成度往往不尽如人意。

3. 专业间交互不够集成，缺少"一把抓"的能力

建筑设计是多专业交互的联合产物，需要建筑设计师联合结构、暖通、给水排水、电气、内装、幕墙、景观、泛光等多个专业进行推进。然而，每个专业都有自己的目光局限性，对建筑设计的根本逻辑的核心理念往往难以掌握，需要建筑专业作为带头大哥起到把控全局的作用。但是经验不足的建筑设计师对其他专业领域了解不深，极易陷入"你说我改"的被动局面，缺少集成多专业诉求、一次整合到位的能力。多次小修小改，积少成多，最终影响建筑理念的完整表达。

4. 产品系的设计目的

产品系本身是汲取了大量市场大数据和实际项目经验后的集成结果，其设计本身逻辑自洽——设计中80%继承经验，使用产品系进行设计能够从起点上就保障作品的高完成度及成本可控。产品系在实际项目运用中，进行20%的微创新，并通过实践获得反馈，进行快速更新迭代。此外，产品系还构筑了多专业间的拉通平台，建立了统一的出图标准，大家统一目标，拉通共识，保证最终达成合力交付。

二、产品的设计标准

1. 大数据分析和线性分析验证下的经济性

对市场上大量优秀建筑作品进行经济性指标分析——标准层面积、标准层高、标准柱跨、得房率、进深、单台电梯服务面积、电梯厅尺寸等（表2-1）。大数据分析得出市场上同类产品的经济技术指标平均数、中位数、90%数，将建筑产品与市场同类产品进行经济性对比，有竞争优势才有市场合理性。

另外，对得房率、单台电梯服务面积、进深等关键指标与标准层面积之间的线性关系建立数学模型，得到合理的建筑标准层区间。在该区间内，产品系的经济性指标符合大数据分析下的市场竞争环境，产品具有市场推广潜力和经济合理性（图2-5）。

表2-1

市场高层办公建筑产品关键数据分析

项目	层高	层数	柱跨	使用区进深	标准层面积	核心筒面积	得房率	交通空间面积	净得房率	客梯数量	单台电梯服务面积
某建筑1	4.05	31		9.5~11.5	1273	227.3	82.14%	372.3	70.75%	5	7892.6
某建筑2	4.2	20	8.1~9.7	9~12	1651	312	81.10%	462.8	71.97%	7	4717.1
某建筑3	3.95	19	6.4	8.4	1076	181.6	83.12%	307.8	71.39%	4	5111.0
某建筑4	—	10	8.4	12	1663	285.6	82.83%	428.5	74.23%	5	3326.0
某建筑5	4	37	8~9	10~16	3322	506.7	84.75%	716.5	78.43%	8	15364.3
某建筑6	—	—	7~13	12~16	1476	347	76.49%	457.8	68.98%	8	—
某建筑7	—	—	6~9	10~11	1231	181.7	85.24%	307.3	75.04%	4	—
某建筑8	3.8	—	9	12~14	1856.6	240.4	87.05%	383.6	79.34%	6	—
某建筑9	—	25	9	10~11	1220	204.7	83.22%	336.2	72.44%	4	7625.0
某建筑10	4	30	8~10	12	2019	432.5	78.58%	607	69.94%	12	5047.5

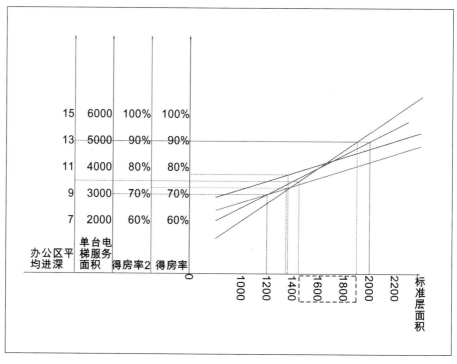

图2-5 产品系标准层面积线性分析

2. 对标市场优秀产品的建筑设计逻辑

产品系平立面设计对标市场上广受好评的优秀设计作品，提炼核心竞争力。例如核心筒设计遵循功能分区原则，服务功能及设备检修通过后勤走廊集成设置，避免传统的核心筒设计中走廊管井开门多、检修流线与业主流线不分离的情况，走廊墙面完整、连续。再如立面设计中，对标经典案例，提取立面基本型，将市场上多样化的立面方案分为竖向线条（图2-6）、横向线条（图2-7）、格构（图2-8）、纯净玻璃（图2-9）四种主体风格，分别适配产品系进行基本型设计，保证产品系的创新有多种方向。项目实践可以以原型为起点，遵循合理的模数进行创新设计。

3. 多专业集成整合，统一设计

结构、机电、幕墙、内装等专业作业前置，在设计初期就参与进来，提出专业要求、审核建筑方案，对根本性矛盾提前作出预警，建筑专业整合多专业意见后统一进行设计，从源头保证产品系的合理性和落地性。

在设计推进过程中，与各专业保持紧密配合，各专业随着建筑设计的深入需按照安排提供契合进度的设计条件，由建筑专业整合后一并解决，杜绝设计定型后

图2-6　竖向线条立面（坤和中心）

图2-7　横向线条立面（西溪首座）

图2-8 格构立面（赞成中心）

图2-9 纯净体块立面
（505 Fifth Avenus）

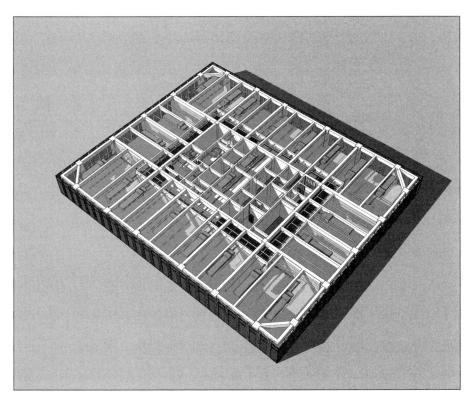

图2-10　100m高层办公产品系标准层全专业三维模型

的零改碎修。利用BIM等技术提前建立完整的建筑模型，必须包含其他专业设计信息，跳出二维图纸的表达固区，用三维模型确定专业间无碰撞、无矛盾，提高建筑落地性（图2-10）。

4. 逻辑统一，模数化，细节化

产品系设计逻辑一以贯之，以合理性、经济性、落地性为先，统一的设计模数贯穿整个建筑设计（例如产品系原型设计模数为900及1200+600），使建筑结构、幕墙、内装在建筑表现上都能相互契合，对缝、对线。在实践创新中，也要遵循产品模数，以保证创新后的立面或室内与其他系统依然契合，如果建立新的模数体系，要确保其他系统也按新的模数设计，达到室内外统一。

设计细节是决定建筑最终落地效果的关键因素之一，产品系设计要落实到边边角角，例如室内吊顶与窗帘盒及幕墙横挡的关系、板材的分缝对缝、开启扇的尺寸及开启方式、幕墙杆件的实际尺寸及外观效果、剖面的管综设计等。细节设计的注意点可以参考负面清单，在审核负面清单的过程中梳理出必须考虑的细节设计，并与相关专业密切沟通得出方案，最后还要通过图纸和模型来验证实际可行性及效果（图2-11）。

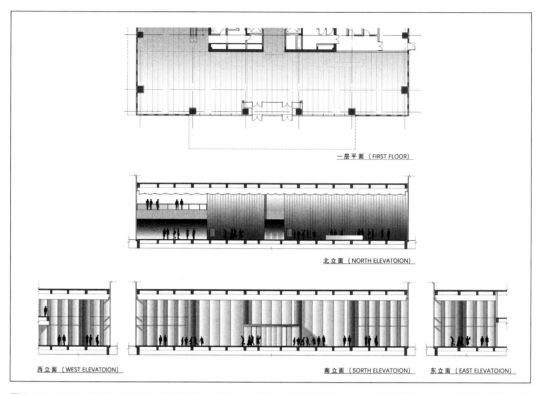

一层平面（FIRST FLOOR）

北立面（NORTH ELEVATOION）

西立面（WEST ELEVATOION）　　　　南立面（SORTH ELEVATOION）　　　东立面（EAST ELEVATOION）

图2-11　100m高层办公产品系门厅结构、幕墙、内装剖立面对应图——多专业模数统一，不同界面分缝齐整

三、出图标准的底线工具

1. 各阶段的不同出图模式及目的

在方案设计、方案深化、扩初设计、施工图设计的不同阶段，有不同的出图模式及出图目的。在方案设计及方案深化阶段，主要出图模式为文本配图，目的是向业主及政府部门阐述方案设计理念、表达方案效果、体现设计优势。因此，该阶段的图纸重点要求美观、清晰（A3图幅）、和谐，图面要表现力强，并且能体现专业性，要让业主和政府迅速从图纸中获得有效信息，在必要情况下可用三维模型辅助表达（图2-12）。

在扩初设计和施工图设计阶段，图纸主要用于各专业间信息交流，通过图纸传达本专业的设计内容。出图的主要模式为CAD线图，搭配方案深化阶段的模型及文本。这个阶段，图纸的美观度、表现力不再是主要诉求，但对准确度、深度的要求大大提升了。出图要求信息量充分且准确，满足深度要求，明确各专业需要的设计条件，符合法律法规，尤其对设计中的细节要通过图纸进行明确表达而不能通过口述或标注来传达（图2-13）。

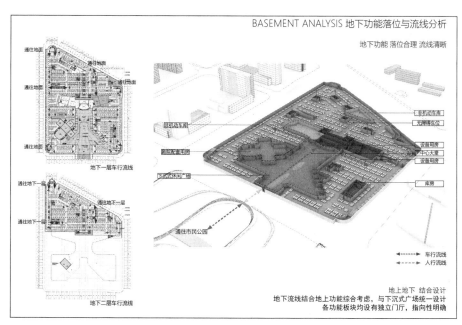

图2-12　衢州双中心方案地下室图纸（方案设计阶段）——用色块区分主要功能板块，箭头点出主要交通流线，三维模型提升图纸表现力，可以迅速了解地下室的功能分区及与周边地块的联系

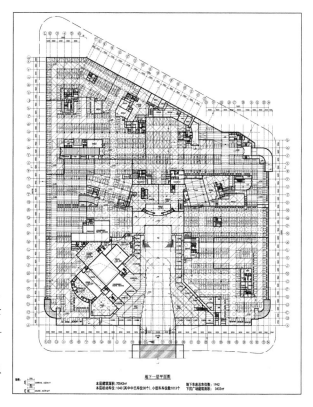

图2-13　衢州双中心方案地下室图纸（初步设计阶段）——专业度、深度、准确度较高，主要用于与其他专业沟通信息以及向专业人士进行汇报

2. 各阶段的不同出图工具及标准

方案设计、方案深化阶段，效果图的表现力是不可或缺的，借助三维模型来进行空间探讨和深化研究也是必要的手段，因此需要大量采用Sketch Up、Rhino、3d Max等三维建模软件进行建模，并借助其辅助插件Lumion、Vary等进行渲染表达，渲染要求必须找好对标、调好角度后再进行（图2-14、图2-15）。技术图纸必须用不同颜色区分功能区块，必须明确表达结构与建筑空间。

图2-14 某项目执行的效果图对标（工作手稿）

图2-15 某项目最终效果图

扩初设计、施工图设计阶段，CAD作图是最主要的信息交流及出图手段。利用协同设计平台完成专业图纸的实时更新，避免传统传图套图的烦琐步骤，也避免图纸更新不及时导致各专业间图纸不匹配的问题。各专业要求图层、线型遵守统一规定，方便其他专业辨识图纸信息。建筑专业要保证图纸信息准确、详尽，对平面尺寸、层高、功能、防火分区等信息必须表达清晰无误。

第三节　团队统一设计共识的理念工具

"三会制度"：

团队统一设计共识的理念工具，主要是结合设计团队日常工作流程来设定。在接受设计任务之后，团队需要进行三次阶段性会议来完成项目的方案设计，简称为"三会制度"。它们分别是启动会、定标会、定委会。启动会的目标是：梳理本项目的基本情况，对本项目的特殊要求和基本条件进行整理。梳理工作由助理建筑师完成并负责。

一、启动会

通过启动会的梳理，让整个设计团队了解项目的基本情况，并且对项目有定性定量的基本概念。定性是团队对下一阶段工作的共识，定量是团队对下一阶段经济技术指标及个数量级的基本共识（图2-16、图2-17）。

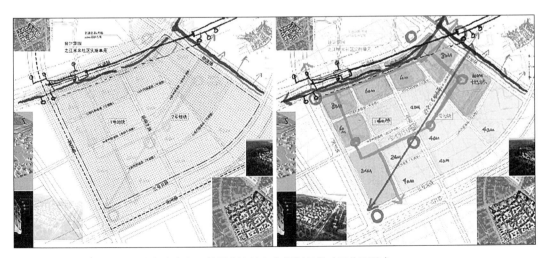

图2-16　团队在某项目设计启动会上用草图表达的上位规划条件（工作手稿）

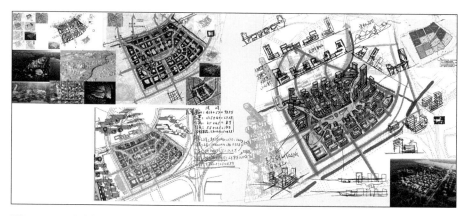

图2-17　团队在某项目启动会上的经济技术指标计算及体块草图（工作手稿）

二、定标会

　　定标会的基本目标是：在启动会的基础上进行多方案的比较，并且找到相似度90%以上的对标案例，对整个项目进行深入的分析，并最终取得统一的意见。多方案比较是从不同的角度乃至相反的角度考虑整个问题，对项目方向性的、原则性的、开拓性的、发散性的不同思路进行尝试，通过多方案的比较，对项目在定性的基础上进一步优化，进行深入的了解。对标案例的寻找，更有助于了解同时段、同地段、同类型、同档次的优秀案例的基本情况，对本项目的设计具有很大的启发性，并且有助于市场相同案例的失败与成功经验的借鉴。在分析、比较的基础上，借鉴对标案例，团队筛选不合理项、合并同类项、突出优选项，最终确立下一步深化的定标方案（图2-18）。

图2-18　某项目定标会上的立面对标方案（工作手稿）

三、定委会

定委会的基本目标是：对定型的方案进行全面的深化。就建筑本身而言，要确立项目的设计愿景和设计原则。对于方案本身而言，要确立基本的建筑形体、城市逻辑关系、空间形态由内及外的表达、基本建筑角度、建筑材质的选择以及平立剖的完整图纸。对于文本而言，要梳理整个设计的设计逻辑以及需要强调的设计内容，包括多媒体制作的路线、配音、文字等各个细节的商量与定夺（图2-19）。定委会是方案进入完全制作阶段之前的最终会议。

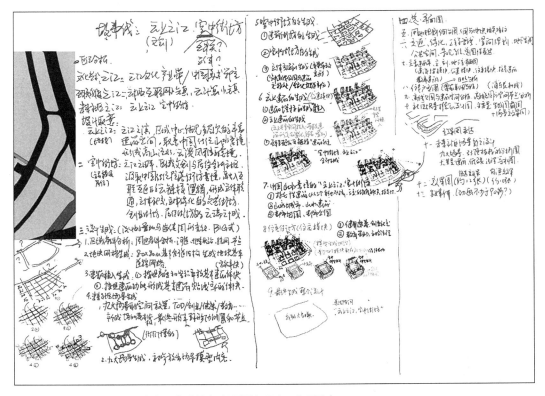

图2-19　团队在某项目设计定委会上的文本逻辑梳理（工作手稿）

第四节　项目设计目标统一的价值观工具

一个优秀团队的优秀之处在于对每一阶段的工作都有闭合、反思、总结和提炼的过程。通过这样的过程，可以让团队对上一阶段的工作进行深刻的总结，这是一次团队共同进步的机会。我们把复盘的形式作为对已进行的项目进行价值观统一的工具。复盘的会议主要由以下三部分内容组成：

一、过程复盘

第一阶段是过程复盘，主要内容是对整个项目按照编年体的方式在图表当中表达其进行的过程以及在每个阶段完成的情况、碰到的问题，反思团队在执行过程中出现的失误或者磨合过程中出现的差异（图2-20、图2-21）。这个过程中有人为的因素、业主的因素、不可抗力的因素，但主要是总结执行过程当中的可优化因素以及那些在执行初期不可预见，未能提前作出预判的因素。通过对过程的复盘，能让整个团队互相交流项目执行过程当中的心得，并与大家分享，如每个项目所要作的提前思考，或者有预见性地对项目可能出现的因素设定提前量。

阶段		时间/目标	内容
规划整理 随波逐流	1个月	20180507-0524 目标：方案深化	对规划概念方案直接进行深化，准备直接进入扩初流程
		20180524-0618 方案重新梳理，政府模糊否定	双轨前进，甲方需要小独栋产品下推进报批进度，设计师提出空间、形象新的方案设计理念 第一次汇报失利，未与政府直接接触
		20180618-0628 政府否定小独栋，提出高度要求	第二次汇报，直接面对面沟通，明确政府意见。小独栋不做，通透的立面，建议地标高度提升到150-180M
方案确定 谜之沟通	1个月	20180628-0706 Workshop形体重新梳理与布局	甲方总部顾问进场，景观顾问进场，workshop，新产品结构提出，甲方表态拒绝做超高层
		20180706-0720 内部讨论与修改	找对标、定原则、定体量、定方向，准备政府汇报文件
		20180720-0731 第三次政府汇报	方案总体模式、概念基本通过，甲方基本认可，政府对建筑高度、连廊开放性提出意见
立面深化 见招拆招	3个月	20180801-1020 Workshop平面深化与立面深化	立面深化，workshop深化方案，探讨平面与立面；方总带队梳理立面，遵循与突破，立面深化的原则与细部构成建立
		20181020-1104 扩初深化平面，扩初报批	甲方各机电顾问、交通顾问、施工图专业介入，扩初报批在甲方授意下绿地率的含糊其辞触怒政府规划部门
批后修改 一波三折	6个月	20181105-20190129 Workshop批后修改第一波	立面优化，workshop总部顾问介入，甲方各部门介入，幕墙顾问介入，从经济性与商业性考量，平面第一次大调整。关于入口的幻想
		20190129-03012 批后修改第二波	各部分精模建立，室内、泛光顾问介入，甲方要求立面分隔逻辑大调，甲方修改功能布局，形体与层数，平面第二次大调整
		20190312-至今 批后修改第三波	幕墙材料选择，样板模型建立，和专业沟通配合。批后修改受阻，平立面整体回退，第三次平立面大改。艰难沟通，多次陪跑，平立面又改回来了……
第01部分		过程复盘	

图2-20　杭州某科技园项目过程复盘（1）

图2-21　杭州某科技园项目过程复盘（2）

二、阶段总结与关键词

第二部分内容是阶段总结与关键词（图2-22～图2-24）。设计工作不同于其他的日常工作，因为设计工作的成果是以图文的形式来表达的，所以整个设计过程中

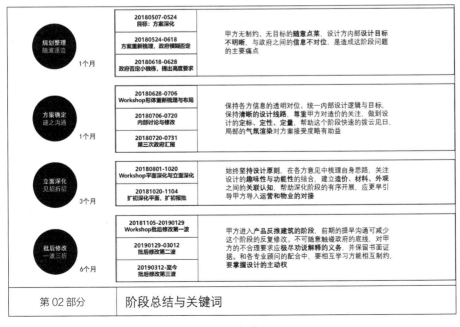

图2-22　杭州某科技园项目阶段总结与关键词（1）

的阶段总结需要用图纸的变化来表达工作的内容。阶段总结与关键词的目标是结合过程复盘中的时间节点，将在时间点上的设计工作的成果差异、前后变化、偏差问题等一系列的矛盾都用具体的图纸来进行对比呈现。通过图纸的对比能够最直接地了解到项目在设计过程当中所碰到的问题，并且对问题进行总结，对总结进行关键词的提炼。这样就形成了在某一时间节点碰到某一具体问题，通过某一设计手段去完成某一设计目标，或者未能完成某一设计目标的复盘。

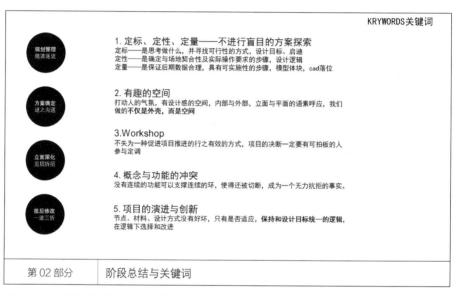

图2-23 杭州某科技园项目阶段总结与关键词（2）

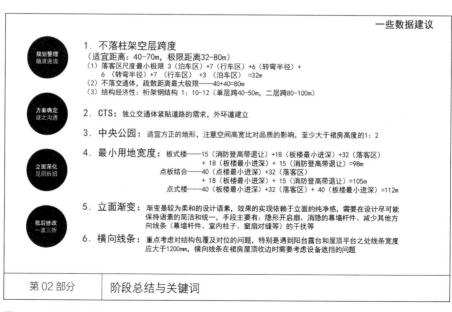

图2-24 杭州某科技园项目阶段总结与关键词（3）

三、反思与建议

第三部分内容是对于设计工作的反思与建议（图2-25、图2-26）。每个团队都需要对自己的工作进行专业的分类。复盘的目的是对设计的专业进行分类，对分好

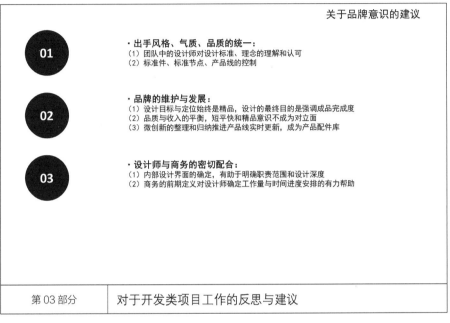

图2-25　杭州某科技园项目反思与建议（1）

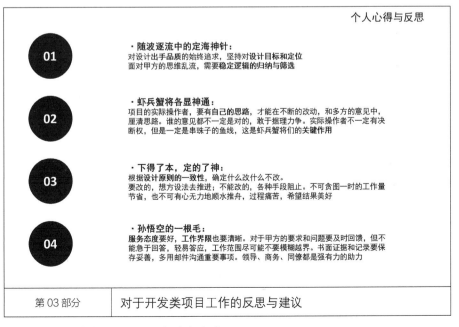

图2-26　杭州某科技园项目反思与建议（2）

的专业再次有针对性地进行工作的反思与建议。这样对团队的专业化、专项化、高完成度的设计工作进行一次全面的罗列、分析 、排查、总结、提升的过程，有利于团队下一次在这个设计专项的执行过程当中借鉴复盘的经验，少走弯路。通过循序渐进的复盘，进一步提升团队的专业性，最终达到专业团队的专业素养。

第五节 设计全周期的各专项的整合工具

一、角色转换

目前，国内的建筑设计工作有了越来越与国际接轨的发展趋势。设计师，尤其是建筑设计师，将成为项目建设真正的主导。设计将不再局限于建筑设计这一个相对狭窄的领域，而是向着建筑全专业各专项全过程甚而建筑全周期的设计整合的专业咨询方向发展。尤其是近些年国家推行建筑师负责制、以设计为龙头的EPC和项目全过程咨询的各项顶层设计的制度更是有力地推进了建筑师向全面把控角色的转变。

二、工作衍生

设计全周期的各专项整合是指在建筑师指导下各专项设计如何在合理的时段分阶段介入建筑设计的过程当中，对建筑设计进行认知理解、提炼融入的全方位工作内容。就目前而言，主要的专项设计包括基坑维护、幕墙设计、室内设计、景观设计、泛光照明、展陈设计、舞台剧院灯光及城市家具的选择等各个不同的设计专项或子项。

第六节 拉通机制和预警机制的反映工具

一、设计院传统的计划表的局限性

设计院传统的计划表体现的是传统设计院的内部组织关系和基本工作流程。其主要的局限性表现在：

1. 工作范围的局限性

仅仅局限于建筑设计本身的建筑、结构、水暖电等各专业，而不能反映出设计总包和设计全周期范围内的计划性。目前设计总包内容和需要协调的各方面以及各专业之间所反映的内容都不够翔实。

2. 工作协同的局限性

仅反映各专业提资的时间和工作人员，并不能反映各专业的关键内容和所需要提供的工作成果的标准。目前，建筑设计过程当中，二维、三维图纸的协同性使得工作提交的成果以及成果的标准都有了很大的变化。传统的计划表格并不能提供这些工作成果的内容。

3. 工作阶段的局限性

传统的计划表格仅仅反映在建筑方案完成之后从扩初开始到施工图阶段的计划（图2-27），而并不能反映方案设计的作用以及进入扩初之后方案组如何对项目深化进行全过程的把控，将建筑设计的品质要求贯穿于扩初和施工图阶段，包括由建筑高完成度所主导的各专业目标的关键词及关键成果。

图2-27 传统计划表（某公建项目初步设计阶段）

4. 工作预警的局限性

计划的严肃性以及执行计划的科学性往往取决于每一个时间节点的计划是否是全体团队成员共同完成的。由于传统计划表会造成计划延后，往往无法提出预警机制。在计划表当中无法体现出计划执行的具体进度以及由于某一进度的拖延会造成其他相关专业都无法正常进行的预警机制。最后往往造成的是追责不力，预警不到位。

二、总控计划表、周控计划表

新的总控计划表（图2-28）、周控计划表（图2-29）好处在于解决了以下几个问题。

综合而言，三个关键词：可拉通性、可追溯性、可描述性。

基本内容包括：①纵向轴的内容安排。②横向轴的内容安排。③工作成果的关键词描述。

1. 可拉通性

总控表的纵向轴以建筑专业为中心轴，向上是结构、机电等各专业的建筑本专业轴，往下是幕墙、室内、泛光、照明、景观等（可增加）各专业的专项轴。这样，在多条横向轴的基础上组织了纵向轴的专业，能充分体现出设计总包和统筹的基本概念。

2. 可追溯性

总控表格横向轴是以工作时间节点为基本依据的进度表。最上部是阶段的总体目标，是所有专业要达到的总体时间节点。其余的依据工作时间节点，按照固定的等分，形成工作周期的控制性表格。由此每个横向轴都有了时间进度的刻度以及其完成的时间，如果完成了，用绿色表示，如果未完成，则用红色表示。由此，在时间轴上可以很清晰地看到完成情况，也可以清晰地看出某一专业在尚未到达最后时间节点之前，已经在某一时间节点上有未完成的趋势，会自动形成预警的机制。

3. 可描述性

纵向的专业轴和横向的时间轴的交点，即是每个专业在一定的时间节点内，所需要完成的最主要工作的描述。工作的描述是采用关键词的方式来体现出所要提供的工作成果以及成果的标准，它有利于团队对于每个节点最主要事务的聚焦和执行。

项目	萧山文化中心				总控表			
时间	10月 关键结果：1. 建筑专业深化设计，明确设计纲要并进行第一轮负面清单筛查 2. 建筑平面及立面有初步方案，并提供初步设计资料 3. 各专项专业结合现有资料，寻找对标、提供设计意向，并提出结合自身专业的负面清单				11月 关键结果：1. 向甲方进行方案汇报 2. 商业平面优化完成，并可落地 3. 各专项专业结合明确对标，基本完成概念方案设计并向设计院进行汇报 4. 完成初步设计审查			
专业	评估 第一周 关键结果：建筑专业深化设计，明确设计纲要并初步解决第一轮负面清单问题	第二周 关键结果：建筑专业继续深化设计，平面往初步设计深度深化，并准备方案优化文本及效果图	第三周 关键结果：建筑专业初步设计地上提资完成，方案优化文本及效果图完成	第四周 关键结果：建筑专业继续推进深化。结构专业需明确各部分体系。地下商业部分进行深化	评估 第一周 关键结果：向萧山城投就方案进行汇报	第二周 关键结果：1. 结合汇报后甲方意见进行相应调整 2. 商业平面尽快落地 3. 建筑专业提资 4. 各专业正式启动初步设计	第三周 关键结果：1. 建筑专业初步设计制图 2. 建筑对各专业各专项进行协调，检查排查复核各专业负面问题 3. 各专项完成第一轮概念方案，并提供初步概算	第四周 关键结果：完成审查版初步设计（概算总表），并上会
机电（智能化）	关键结果：完善本专业负面清单问题，并提出合理解决思路	关键结果：完善本专业负面清单问题，并提出合理解决思路	关键结果：完善本专业负面清单问题，并提出合理解决思路	关键结果：完善本专业负面清单问题，并提出合理解决思路	关键结果：结合现有平面（原有平面+船厂调整），框定屋顶设备范围，井道要求，设备用房要求等一切需要建筑专业提前准备要点，并互相核对确认	关键结果：机电专业针对平面对各个空间进行系统方案设计，例如潜水艇送风排烟、门厅送风排烟、商业街送风排烟、立面百叶区域控制等会直接影响立面和室内设计的因素，并由建筑专业确认，避免衢州重复修改问题	关键结果：机电专业根据统一确认后的系统方案提准确的设备机房资料及屋顶设备清单，对室内室外需要留有排烟送风的区域由预估提资给建筑专业	关键结果：1. 提供审查版初步设计需要的资料 2. 检查幕墙室内方案对机电专业的影响（室内格栅、立面百叶、室内吊顶 ...），反提修改意见
结构	关键结果：完善本专业负面清单问题，并提出合理解决思路	关键结果：完善本专业负面清单问题，并提出合理解决思路	关键结果：结构专业结合模型形体进行方案推敲和计算	关键结果：明确各个区域的结构体系与设计思路，并与幕墙专业配合沟通	关键结果：结构室内的问题处理（4层桁架、室内抽柱 ...），并继续排查室内其他区域	关键结果：室内重点空间（悬空中庭、时空隧道、中庭坡道、公区无柱、顶层桁架 ...）幕墙重点空间（斜柱、幕墙分割一体化）等区域的结构问题需要全部落定，需要有局部计算模型并由建筑专业复核	关键结果：结构专业整体建模，有问题及时与建筑专业沟通，可以以工作营模式	关键结果：结构模型反映进整体模型进行室内空间复核，建筑专业反提意见
建筑（总负责）	关键结果：结合设计纲要及负面清单，同步开展平面、立面、顶面深化设计	关键结果：结合设计纲要及负面清单，同步开展平面、立面、顶面深化设计	关键结果：建筑专业完成方案文本并继续深化方案，汇报后结合意见准备第二轮设计纲要和负面清单	关键结果：完善第二轮负面清单，建筑平面立面顶面同步推进深化，与船厂就商业部分优化进行沟通	关键结果：1. 结合船厂意见整合方案文本，本周向甲方汇报 2. 景观整体介入本方案，并开展工作营 3. 配合暖通将屋顶设备区域进行范围框定 4. 立面归尺完成	关键结果：1. 结合汇报意见进行相应方案调整 2. 商业平面待甲方确定后尽快落地（防火分区、疏散、设备、井道 ...） 3. 方案确认后正式提总图、建筑平、立、剖面资料；重点是地下室资料 4. 建筑模型定稿（外立面、室内、结构 ...）尽量多的体现细节	关键结果：1. 初步设计制图，提套图资料 2. 结构屋顶设备按实际情况反映进模型进行复核 3. 建筑专业结合图纸、模型、漫游等形式检查负面问题	关键结果：1. 完成审查版初步设计文本（含概算总表） 2. 组织整理消防问题，供专家论证会讨论
幕墙	关键结果：结合最新资料，寻找合适对标及参考，提出结合自身专业的负面清单	关键结果：结合最新资料，寻找合适对标及参考，提出结合自身专业的负面清单	关键结果：结合最新资料，寻找合适对标及参考，提出结合自身专业的负面清单	关键结果：和设计院进行第一次沟通，并确定设计原则、对标和意向	关键结果：结合沟通意见，11.8 对部分空间及节点提出概念沟通稿，成果可视化，以衢州最后稿深度	关键结果：结合 11.8 的沟通意见进行调整，11.15 进行第一轮方案沟通，对幕墙分割，细节做法有多方案对比，以衢州最后稿深度	关键结果：结合 11.15 的沟通意见进行调整，11.22 进行第二轮方案沟通，结合暖通资料着重考虑立面格栅排烟，真实反映到效果图	关键结果：1. 11.29 完成整体概念方案文本并向设计院汇报 2. 根据方案提供概算
室内	关键结果：结合最新资料，寻找合适对标及参考，提出结合自身专业的负面清单	关键结果：结合最新资料，寻找合适对标及参考，提出结合自身专业的负面清单	关键结果：结合最新资料，寻找合适对标及参考，提出结合自身专业的负面清单	关键结果：和设计院进行第一次沟通，并确定设计原则、对标和意向	关键结果：结合沟通意见，11.8 对部分空间及节点提出概念沟通稿，成果以对标形式，需要空间节点对标精准，以丰收湖共享中庭为标准	关键结果：继续寻找对标参考，先深化地上部分，对大堂、中庭、各版块公区等空间提出有关建筑、机电、幕墙深化的建议和负面清单	关键结果：结合相对完善的建筑资料，与建筑专业展业工作营，11.22 进行第一轮方案沟通，对重点空间进行设计深化（大堂、中庭、商业街、各版块公区），成果以效果图为主	关键结果：结合 11.22 的沟通意见进行调整，11.29 进行第二轮方案沟通，需着重考虑室内排烟送风设计，反映到效果图并提供方案概算
景观	关键结果：结合最新资料，寻找合适对标及参考，提出结合自身专业的负面清单	关键结果：结合最新资料，寻找合适对标及参考，提出结合自身专业的负面清单	关键结果：结合最新资料，寻找合适对标及参考，提出结合自身专业的负面清单	关键结果：和设计院进行第一次沟通，并确定设计原则、对标和意向	关键结果：结合沟通意见，11.11 对景观提出概念沟通稿，成果包括整体公园和屋顶公园两个部分，以总图、平面、空间意向和对标为主	关键结果：结合 11.11 的沟通意见进行方案设计，11.18 第一轮方案沟通	关键结果：结合 11.18 的沟通意见进行调整，11.22 进行第二轮方案沟通	关键结果：1. 11.29 完成整体概念方案文本并向设计院汇报 2. 根据方案提供概算
泛光	关键结果：结合最新资料，寻找合适对标及参考，提出结合自身专业的负面清单	关键结果：结合最新资料，寻找合适对标及参考，提出结合自身专业的负面清单	关键结果：结合最新资料，寻找合适对标及参考，提出结合自身专业的负面清单	关键结果：和设计院进行第一次沟通，并确定设计原则、对标和意向	关键结果：结合沟通意见，11.11 对整体泛光提出概念沟通稿，成果可视化，以效果图、对标参考为主	关键结果：结合 11.11 的沟通意见进行方案设计，11.18 第一轮方案沟通	关键结果：结合 11.18 的沟通意见进行调整，11.22 进行第二轮方案沟通	关键结果：1. 11.29 完成整体概念方案文本并向设计院汇报 2. 根据方案提供概算

图2-28　新总控计划表示意（萧山文化中心项目方案深化阶段）

项目			悦萱堂总部周控表(第一周) 2020/3/23～2020/04/29		
		评估	任务		结论
本周目标	关键结果	√	与业主明确深化设计关键原则		已定节能、立面、屋顶加建、进度等问题
		√	完成项目控制规划		已完成总控周控表、进度表和负面清单编制
		√	基本确定立面方案		业主已基本认可
		√	复核体系化产品在本项目的适应性		已复核净高和空调设施
		√	平面方案初步梳理		/
总体控制	关键结果	√	负面清单编制		/
		√	总控及周控表编制		/
		√	后续深化待提资及设计原则发业主回复确认		/
		√	立面方案汇报		/
		√	进度控制条编制		/
建筑	总图体系	关键结果	/		/
	平面体系	关键结果	√	地下室设计原则及方案初排	CAD初步完成,待周二讨论定稿
			√	地上设计原则及方案初排	CAD初步完成,待周二讨论定稿
			√	编制装配式专项报告,完成造价对比	报告已发业主
			√	2000人报告厅疏散梳理——已调整	CAD初步完成
			√	复核体系化产品的净高和空调设施	无影响
			√	下面四层层高调整为5.4+4.8+4.8+4.5	业主同意
			√	门厅中柱的处理方案——镜面材料包覆	
			√	门厅及4F架空区方案——玻璃与竖铤分离	
	覆盖体系	关键结果	√	塔楼屋顶原则——3F加建,预留500覆土荷载	
			√	裙房屋面原则——设备集中,留出屋顶花园	
	立面体系	关键结果	√	调整建筑层高及总高	业主同意
			√	立面方案及造价对比	业主同意
			√	裙房玻璃幕墙由曲改直	业主同意
			√	闭合上轮汇报业主意见	业主同意
			√	裙房穿孔金属板出挑幕墙方案	土建出挑,内排水
			√	东侧对本项目立面设计影响	60%窗墙体系,0.16反射的玻璃
			√	幕墙顶部设施	蜘蛛人
	模型体系	关键结果	√	按照层高重新梳理立面模型	
			√	重新梳理裙房屋顶造型	
	效果及汇报体系	关键结果	√	立面方案汇报	基本确定立面方案
			√	设计原则汇报	
结构		关键结果	√	编制装配式专项报告	
			√	3F出挑区的结构方案——悬挑适当内缩	
			√	裙房与塔楼设缝	
室内		关键结果	/		/
幕墙		关键结果	/		/
设备		关键结果	√	明确油烟井排放形式	西南角集中出裙房
			√	复核体系化设备对净高影响	无影响
泛光		关键结果	/		/
景观		关键结果	/		/
智能化		关键结果	/		/
备注	1、加粗字体为关键存档文件,请各专业自行整理,统一由建筑汇总。 2、红色字体为延迟未完项,需要紧急处理 3、蓝色字体为受业主进度影响而顺延项				
签字	经营 建筑 结构 暖通 给排水 电气				
	室内 幕墙 泛光 景观 智能化				

图2-29 新周控计划表示意(悦萱堂项目方案深化阶段)

4. 纵向轴的内容安排

纵向轴的内容主要为同一时间节点上各专业的工作内容及关键结果，体现了同一阶段内各专业的相互交流。如果同一时间节点上，纵向轴上的不同专业针对同一工作内容需要完成相似的关键结果，说明各专业在这个时间需要就该问题进行实时交互，共同完成。根据总控表纵向轴上的内容安排，各专业能够明确本阶段自己需要与哪些专业进行沟通交互，需要完成什么任务，达成什么结果，保证了专业拉通、合力交付。

5. 横向轴的内容安排

横向轴的内容主要为同一专业在整个设计周期时间轴上的工作进程安排，体现出了时间维度上各专业间的穿插交互。前一周的专业设计内容出现在其他专业下一周的后续工作中，说明在该进程上专业间有相互承接关系，前专业的关键结果会是后专业的设计前置条件，因此专业间需要相互负责，保证提资顺畅完整。例如建筑专业整合其他专业资料进行后续设计、其他专业根据建筑专业的优化设计调整本专业方案等，具有先后顺序的设计内容在总控表的横向轴上体现得很明确。根据总控表横向轴上的内容安排，各专业能够明确需要将本阶段关键结果提交给哪些专业进行后续设计，现阶段的专业设计需要基于哪些关键结果，保证了专业衔接、逻辑连贯。

6. 工作成果（目标）的关键词描述

总控表、周控表的关键信息是"关键结果"，实施前表达该阶段工作目标，实施后阐述该阶段工作成果。阐述工作成果（目标）时要用尽量精简的关键词迅速明确成果（目标）的主要信息。工作目标的表达，关键词为配合专业（如与幕墙专业/与业主方等）、核心问题、预期成果（如解决问题/提出思路/完成文本等）。工作成果的阐述，关键词为核心问题（如找对标/列负面清单/解决商业平面局部问题等）、表达方式（如文本/PPT/图纸/清单等）、后续安排（交其他专业跟进/向业主汇报等）。根据总控表，可以迅速掌握每个阶段各专业的任务、目标，并迅速评估完成情况。

第七节 积极利用现代网络手段的合力工具

建筑方案设计是一个有刚性时间要求又充满柔性变化的工作过程。同时，建筑设计也是一个感性和理性，计划性和变化性共存的矛盾统一体。尤其是概念方案设计阶段，时间都是极端苛刻的，可谓同时作业又不断推翻、修改的混沌工作阶段。在这样设计工作极限紧张的同时，如果填写基于管理模式而存在的计划表，将会大幅度地增加工作内容，而这样的工作内容往往也不能完全跟上工作阶段的变化，很有可能形成计划跟不上变化或是变化之后再后置性地填写计划的怪圈。所以，如何在变量最大的方案设计阶段制定团队拉通共识有效工作的工具是整个设置过程当中的关键所在。这就要求积极利用现代网络手段，打造一个既能有效提高工作的计划性，又能大幅降低相关人员的工作负担的合力工具。综合而言，就是要达到"可见、可用、可随时沟通"的共享工具。我们用两个软件来达到以上的目标（图2-30）。

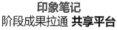

图2-30 利用现代网络手段的合力工具

一、印象笔记的项目计划文件夹

用印象笔记对阶段性成果形成拉通的共享平台（图2-31）。在印象笔记当中创立项目的空间。在空间当中设置前期设计条件和基本设计逻辑、方案对标案例集合库、方案逻辑与故事线、工作量推进计划、方案效果预先落位、多媒体效果预先落位、成果与回顾等各子目录。笔记可以多成员共享，成员可以及时了解工作要求、工作计划、收集的资料、别的成员已经完成的工作情况、自己需要完成的作业内容、随时修改的情况等动态的内容。这样可减少团队在大规模分头工作时信息不通畅的情况。同时，项目主设也可以随时随地了解工作组的情况，更可以做到分时段地工作，成果上传之后，鉴定成果的工作随时展开。

图2-31　利用印象笔记建立阶段性成果拉通平台

二、用坚果云形成日志的过程文件、原文件的共享库

坚果云是文件的云上共享文件夹（图2-32～图2-34）。将印象笔记的工作成果内容链接到坚果云上，形成每一项工作指向内容的集合式的文件夹，可有效克服印象笔记对于存储文件类型和文件量的不足。所有工作成员都可以依据印象笔记当中的计划表和每个人每天所需要完成的工作内容进行工作。同时，将每项工作成果上传到印象笔记中进行共享。工作成果当中的不同文件类型可以上传到坚果云，达到文件共享的目的。

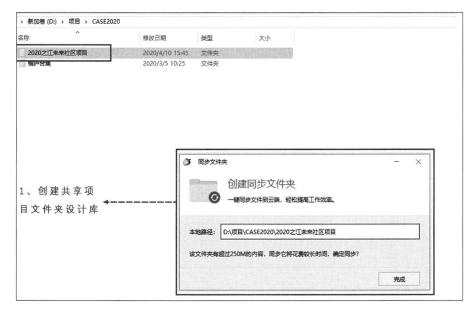

图2-32　利用坚果云盘建立过程文件拉通平台（1）

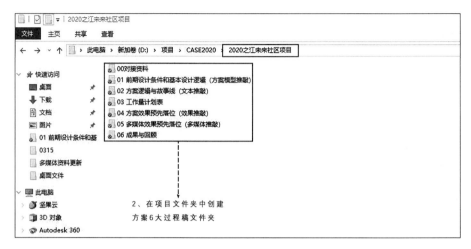

图2-33 利用坚果云盘建立过程文件拉通平台（2）

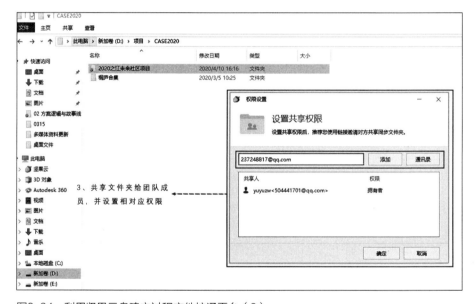

图2-34 利用坚果云盘建立过程文件拉通平台（3）

三、印象笔记和坚果云共同使用

印象笔记当中留有链接与坚果云。这样，项目主创就可以通过印象笔记了解工作团队在建筑方案设计阶段每个时间节点的完成程度以及所需要解决的问题，同时可以通过印象笔记的链接到达坚果云查看原文件。

第**3**章

建筑设计的全过程把控

　　建筑专业作为建筑方案设计中的龙头专业，在建筑方案从体块到落地的全过程中都起到了把控全局的作用，建筑设计师也是最能理解建筑方案理念的人。为了保证方案的完整性及完成度，必须由建筑师对建筑设计的全过程进行把控，整合各专业资源，综合规范、经济、美学等多维度要素，从强排开始，历经概念方案、方案深化、扩初深化、施工图设计、工程建设六大阶段，最终完成建筑方案的完整落地。

第一节　建筑方案的指标性把控

一、指标的遵循

　　建筑方案落于城市中，必须遵循城市规划制定的控制指标，这份指标通常由容积率、建筑限高、建筑密度、绿地率等总体性指标构成，这通常是方案设计不可超越的"上限"。读清指标对于建筑设计而言是基本的素质。

二、指标的运用

　　在满足总体指标的前提下，如何将这些指标配置给不同业态的多高层建筑，会对建筑方案的布局、造型、经济性产生至关重要的影响。指标是刚性的，内容是柔性的，如何在刚性的指标之下为业主找到最佳的总图布局和物业类型安排是指标运用的要务。

三、指标的定量

也有一些特殊情况，原始地块的规划设计并不详尽，甚而对于有些地块，政府主管部门会出具一个弹性的指标值，需要由设计单位去提供合理的指标建议，指标并不是越高越好，合理控制指标才能收获最高的效益。

结合指标的遵循、运用和定量，满足建筑项目可能出现的不同需求定位，寻找效益最佳的设计方向。我们在每一个方案设计的初期体块强排阶段，都会采用多方案对比的方法，通过控制指标的分配，设计多个体块方案，然后通过对货值、去化率、去化时间、成本等多角度的经济性的对比，选取更符合项目定位的设计方案。

四、案例

以天煌青山湖科技园项目为例，该项目用地为创新型产业用地，容积率建议为2.0~2.53的弹性指标范围。这个项目不同于持有型园区，是典型的销售型园区，类似于房地产开发思维的产业园区，因此需要充分考虑经济收益、资金覆盖率、降低经营风险。在前期强排设计中，我们首先根据周边项目情况及实际经验对商业、通用办公、定制办公、独栋办公、类办公、酒店式公寓等多种业态类型进行了价格考察，然后结合售价、造价、土地成本、容积率等数据进行了土地坪效分析，即单位面积土地上可产生的建筑利润（图3-1）。

图3-1 天煌青山湖科技园周边地块产业类型价格考察

从土地坪效的角度来说，高层虽然单坪利润低于独栋产品，但容积率高、面积大，土地坪效依然高于独栋产品，且在地标性、城市形象上优于独栋。但市场研究结果显示，独栋产品市场需求度高，回现快，有利于业主资金回笼（图3-2）。因此，我们在土地坪效的基础上添加了回现速度、产品品质、建筑形象等多个经济性维度，最终制定出了最高货值及最快回现两种经济性较高的设计方向（图3-3）。

土地坪效分析

独栋利润（静态）：10000（售价）−200（楼面价）−2500（建安成本）
　　　　　　　　=7300（元/㎡）

高层利润（静态）：7500（售价）−200（楼面价）−4500（建安成本）
　　　　　　　　=2800（元/㎡）

独栋土地坪效：7300（利润）×1.2（容积率）=8760（元/㎡土地）
高层土地坪效：2800（利润）×3.5（容积率）=9800（元/㎡土地）

图3-2　天煌青山湖科技园土地坪效计算

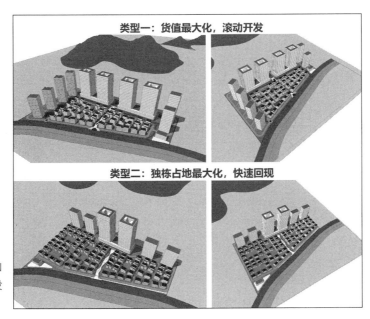

图3-3　天煌青山湖科技园两种设计方案

货值最大化的设计方向（图3-4），即尽可能多地安排高层办公产品。设计中，在主要三个临街面均设计了高层办公产品，最大化土地坪效，容积率最终高达2.86，预计总货值为13.7亿元，独栋产品占比16.2%。

最快回现的设计方向（图3-5），在主要交通来向的临街面保留高层产品以维

图3-4　天煌青山湖科技园方案对比（1）

图3-5　天煌青山湖科技园方案对比（2）

持城市形象和园区昭示性，其他区域尽可能多地安排独栋产品。最终，容积率为2.4，预计总货值为12亿元。虽然总货值较另一方案减少，但独栋产品占比上升到34.2%，项目回现速度大大提高。

第二节　建筑方案的规范性把控

建筑从方案到落地的过程，受到行业各级法律法规的层层把控，从国家级的强制性规范到地方政府的地方条例，建筑方案的设计必须符合规范要求。相比设计完成后受限于规范而进行二次修改，从设计的一开始就把规范作为设计的前置条件进行总体控制，显然是效率更高、更能提高建筑完成度的方法。

一、对通用性规范的把控

首先，要确定需要关注的规范条例，最重要的通用性规范是消防规范和设计统一标准。这些规范是全国通用的设计先决条件，无论在何地何城都需要遵守。然后，要把规范转化为清晰明了的图纸表达或数据输入到方案设计的条件中，根据设计条件进行方案设计。设计完成后再对照规范进行逐条复核，保证设计没有根本性错误。

二、对地方性规范的把控

针对项目所在地，对地方规范进行相应的查找。目前，地方规范与国家规范的出入都比较大，每个地方都有大量量身定做的地方规范。尤其是地方风貌、日照、测量、绿建、装配率等方面都有比较多的地方特定规范，这些都会对方案有很大的影响，需要特别注意。

三、对口袋文件的把控

每个地方的主管部门都会结合地方需求形成一些约定俗成的口袋文件。这些类规范的内容并没有公开的文件表达，但是对项目有可能造成根本性的影响。例如政府关注产业的导入，不希望建筑做成小于2500m²的独栋建筑，或是基于城市面貌，

希望住宅沿街全部做成封闭阳台的公建化立面的住宅等。这些会导致项目的设计与
价值测算产生根本性的差异。要求业主必须与主管部门很好地进行沟通,并在此基
础上做针对性方案设计。

四、案例

以萧山世纪城某地块强排方案为例(图3-6、图3-7)。该地块为住宅用地,位
于杭州萧山,强排阶段的适用法规主要需考虑《杭州市城市规划管理技术规定》(以
下简称《规定》)。地块周边有城市道路,东北侧有规划地铁,强排方案根据《规
定》中对于建筑退让用地红线距离的相关规定,划定了多层建筑控制线和高层建筑

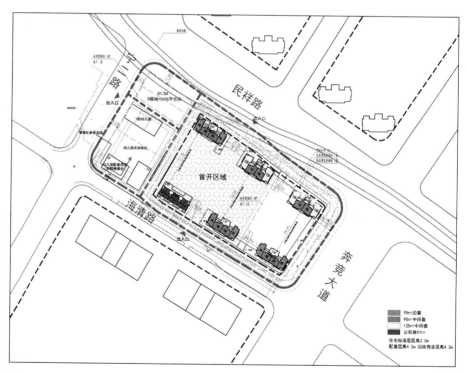

图3-6 萧山世纪城某地块强排方案总图

控制线两条规范控制线，有些方案还需考虑地下建筑控制线。根据《规定》中对建筑间距的相关规定，考虑地块扭转角度，高层住宅的间距计算为44m以上。由于地块宽度不足100m，因此该项目布局最多为两排建筑。项目南侧为创新型用地，未来考虑可能为100m左右高层办公建筑；北侧为住宅用地，设计为100m左右高层住宅建筑。建立周边地块模型后，采用日照软件进行计算，调整前排建筑高度及建筑位置，规避南侧办公建筑对本地块日照的影响，调整后排建筑位置，避免对北侧住宅日照产生影响，最终满足《城市居住区规划设计规范》中对杭州所处的Ⅲ类气候区的住宅日照要求（大寒日2h）。强排方案完成后，对照强排审核表逐条复核方案的合理性。强排审核表中对于规范、规划条件、配套指标等均有详细要求，在住宅强排中应按条核对，不遗漏（图3-8）。

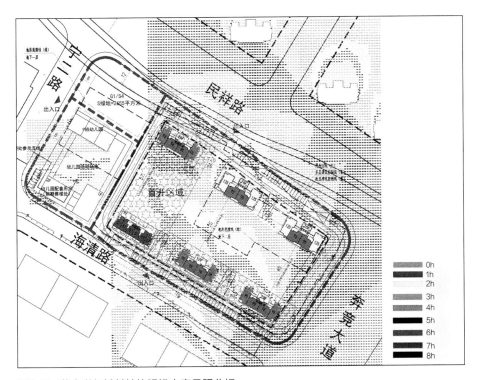

图3-7　萧山世纪城某地块强排方案日照分析

项目基本信息					
项目占地面积	20836	容积率	2.6	总建筑面积	75703.6
建筑密度	22%	限高	80M	PC/装配/充电桩/海绵城市要求	有二星绿建，海绵城市要求
地上可售面积	51464.6	地面停车比例	10%	单车位指标	32.5
人防面积	6080			产品定档	住宅C
项目特殊要求	地块下穿				

项目业态面积		项目业态售价	
高层	46996	高层	45000（含4000精装）
小高层		小高层	
洋房		洋房	
地库	19627.3	车位	47万
商业	2024.4	商业	50000
公寓/办公		公寓/办公	
回购/返还物业/公租房	2709	回购/返还物业	

	审核要点	城市公司落实情况	研发中心审核意见	闭环意见回复
土地前端条件确认				
土地信息类	项目规划控规条件、前期城市规划设计图纸（若项目前期做过控规或城市设计）是否提供	已提供		
	规划地铁图纸、规划道路施工图是否提供	地块东侧为规划地铁线路图未批复，目前已不考虑退让		
	周边现状建筑CAD图纸、周边规划建筑图纸、周边道路带标高的CAD地形图	已提供		
	用地四周临界线距离、绿化带宽度及退线、地块周边有无轨道交通制线等除当地规范外的特殊规定	已明确		
配套规范类	是否有代征道路、绿地、公园等建设要求	东北角需代建公园绿地及地下停车场		
	分地块指标是否综合平衡（容积率、绿地率、建筑密度、人防面积等指标）	无分地块		
	地下空间利用（相邻地块是否可连通）	不可联通，后期可争取管线联通		
	公共服务配套设施配建标准是否明确以及各类设施要求	规划条件外无特殊要求		
	交通出入口方位是否明确（是否可在交通性主干道开口）	规划条件外无特殊要求		
	当地住宅日照要求是否明确（是否规定日照分析软件）	按省规		
	测绘面积计算原则是否明确	无论封闭与否，计算一半		
	建筑面宽是否有明确的地方标准及要求（高层、中高层、多层、低层），是否有建筑形式、体量、风格、色彩、景观和环境要求	出让条件外无要求		
	商办类住宅/酒店产权分割是否与最终报批物业定性有关？如果可分割，则最小单元面积为？	无		
	容积率计算规则是否明确（居住用地、商业用地按层设置与折容的关系）	按省规		
不利因素及风险类	环境劣势：是否存在污水厂、焚烧场、垃圾站、泵站、输油管、医院（尤其部分特殊医院），对项目产生较大的环境影响。用地及周边是否有变电站、电缆、军事电线、输油管等特殊设施及其退距要求。周边是否存在机场、船厂等噪声大的工厂，项目是否处于飞机航线，对项目产生较大噪声影响。	无		
	交通劣势：是否有快速路、高速、铁路、地铁、桥、引桥、高架、人行天桥，对项目产生不利影响	东侧奔竞大道在建		
	日照劣势：周边是否存在已建建筑或教育、养老、医院等用地对日照有特殊要求	南侧世环中心已批复未建		
	进度劣势：用地及周边是否有对项目进展有影响的拆迁	无		
	项目是否位于采空区、地震断裂带，场地内是否有文保设施、保护建筑、树木、构筑物等	否		
	项目是否位于地下水保护范围（地面透水率无特殊要求）（地面透水率无特殊要求）；是否有要求保护河道水系等	否		
	是否要求配建安置房、人才房、服务用房等配套设施	有公租房		
研发中心技术审核				
指标关注	关键指标（容积率、建筑密度、绿地率、建筑限高、集中绿地率）是否满足要求	是		
	物业、社区服务用房配建面积是否满足要求	满足		
	养老服务用房、幼儿园、活动中心、保障房等出让条件约定性配建用房是否满足要求	满足		
	公厕、垃圾站、变配电等其他非约束性指标是否满足要求	满足		
	地下室面积是否超出限额指标	满足（地下面积与地下车位数比值为38）		
	人防面积（计入地库）是否满足要求及计算方式	满足（住宅11%，非住宅8%）		
	停车位及地面停车比例是否满足限额指标要求	满足（2.城市居住区规划设计规8.0.6.2居住区内地面停车率不宜超过10%）		
定位关注	产品是否满足营销初步定位要求	满足		
	产品是否有竞争力（有无产品对标）	标化化户型，研发前已做对标		
规范关注	建筑退界界是否满足规范要求	满足		
	建筑间距是否满足要求	满足		
	建筑日照是否满足要求	满足		
	小区道路环线是否符合设计及消防要求	满足		
	与周边建筑的退距和安全、卫生间距是否满足要求	满足		
	与周边建筑的日照相互影响是否满足要求	满足		
	建筑高度是否满足特殊地区（如机场周边）相应限高要求	规划限高60m，航空限高60m，待沟通是否可突破航空限高		
	对于台地地形，强排方案中须标注竖向标高	无		
示范区关注	有无考虑示范区选址	考虑幼儿园中		
示范区关注	有无考虑示范区选址	考虑幼儿园中		

图3-8 住宅强排审核表

第三节　建筑深化方案的落地性把控

概念方案完成后，在方案深化阶段，尽管不必深入到施工图阶段那样的落地细节，但建筑师需要对建筑方案的落地性有前瞻性的总体把控。落地性把控是方案深化的条件之一，既能够明确深化的方向、提高深化过程的效率，也是建筑高完成度的一大保证。为了做好落地性把控，在方案深化阶段作如下把控：

一、梳理概念方案

要对概念方案进行完整评价，需要概念方案设计人员进行总结汇报，阐述概念方案的理念、逻辑，总结出概念方案阶段的不足、缺漏以及业主方、政府方可能提到的修改建议，保证整个团队充分理解概念方案的创意和理念，并在后续深化过程中时刻作为深化的底线原则。

二、专项前置

要充分与水、暖、电、内装、幕墙、泛光、景观等专业沟通，由其他专业提供技术指导，提出基本要求，从而完善建筑的平面布置、后勤布置、交通核管井等，避免深化方案后续出现致命错误。

三、重点先行

提早进行细节设计、重难点设计，对设计的细节部分做到心中有数，对重难点区域进行集中攻关。最后，深化基本完成后还要对优化的方案进行评判，评判其是否符合最初的设想，提高方案的落地性以及完整度。

第四节　建筑深化方案的经济性把控

在方案深化阶段，还需要充分考量设计方案的经济性，控制成本、提高货值，并且就经济性与业主方进行充分沟通，避免后期由于经济性问题造成设计方案无法得到认可及落地。很多项目在估算概算阶段给予适当的余地，做到"外松内紧"是很有必要的。追加投资和增加预算对于任何工程都是难以收场的一项工作。所以，一定要对项目造价成本进行控制，同时对项目销售货值精准估算。

一、控制成本

首先需要在工程技术上进行成本总结，充分利用技术专业性建立完整的造价体系，在深化阶段就对建筑方案有合理的造价评估；其次，在地下室、大跨空间等高成本空间的设计上，总结经验，根据成本控制理论进行成本控制设计，合理降低成本。

二、提高货值

首先，在区域环境研究时就要对周边区域进行调查，掌握实际情况（重点关注同业态项目的售价、出租率等），对市场租金、售价进行价格判断，建立初步的价值导向。其次，充分利用土地价值，提高开发强度，结合容积率、密度、绿地率、地下室，开发体量三维化。最重要的一点是在深化阶段必须进行货值计算：

（1）货值比较，对建筑各层、整体货值进行比较，重点指标是沿街长度、底铺率、出铺率等；

（2）计算销售货值，对于物业有销售及自持两类的，分别计算货值，得到资金运转的杠杆点、内部收益率、可售率等指标；

（3）通过上述指标完整评估方案货值，深化时要尽可能增加货值，尤其对于高货值业态，如商业、类住宅等，需要进行专项深化设计，尽可能提高溢价、降低去化难度。

第五节　扩初深化的系统性问题清单的整合把控

一、交接问题的合力

方案深化阶段后，方案设计将无缝衔接扩初深化阶段。传统设计模式中，方案设计团队经常将扩初深化交给施工图团队完成，或者将很多细节性的规范、技术问题留到施工图阶段收尾。这样的设计推进模式很容易导致建筑方案进程割裂、完成度下降，方案团队对规范、技术问题没有概念，随意设计，导致建筑方案犹如空中楼阁，并且错误屡次再犯；而施工图团队不能充分理解方案设计的理念，面对问题粗暴解决，导致方案实际效果受损，整个团队也难以在这样的过程中得到实质性提升。因此，我们的设计模式中必须由方案设计团队完整参与初步设计，并且将初设深化的深度向施工图靠拢，扎根细节，尤其对于规范、技术等一定会影响落地实施性的问题，在初设阶段完整解决，不留尾巴。

二、负面清单的自查式罗列

建筑方案的完整性包括方方面面，为了让没有经验的新设计师也能较快掌握扩初阶段的深化要点，也为了每个项目的扩初深化不犯曾经的错误、不留缺口，我们团队采用了负面清单作为扩初深化阶段的核心手段。负面清单由总图系统、平面系统、立面系统和室内系统四大板块构成，每个板块既包括规范条文类的要点，也包括数据指标类的配置要求，还有技术类的实施方案（表3-1）。每条负面条款都包括具体的条款内容以及该条款需要配合对接的专业组成，由此各专业也能在负面清单中找到本专业需要在扩初阶段做到的细节。负面清单由有经验的设计主创在每一轮深化前勾选本轮需要重点关注的负面条款，多轮深化后保证整个负面清单所有条款均已核对解决完毕，方案扩初深化就可以宣告完成，进入施工图设计阶段。

负面清单并不是一成不变的，每一个项目的实际经验都会转化为新的负面条款补充到负面清单中，过时的条款也会被删除，形成负面清单的有机更新，随时保持完整度及合理性。

负面清单　　　　　　　　　　　　　　　　　　　　　　　表3-1

本轮重要性评级	系统	类型	负面条款	水	暖	电	结构	幕墙	内装	景观
	总图系统	控规解读	退红线距离	1. 控规是否有特殊规定，例如退让城市高架、铁道、地铁等 2. 规范规定地下建筑至少退红线3m，实际上3m不便于施工，且需要满足化粪池等构筑物的设置要求，因此一般为5.5~6m							
			建筑高度	明确控规控制的是建筑限高还是建筑高度							
			周边地块	1. 是否有住宅，住宅将影响建筑形体（避免影响住宅日照）、建筑立面设计（面向住宅一面必须使用窗墙体系） 2. 是否有重要交通站点，如地铁站、公交站等，必须进行有机衔接							
			特殊用房	控规是否对公厕、变电站等特殊建筑做出要求							●

续表

本轮重要性评级	系统	类型		负面条款	水	暖	电	结构	幕墙	内装	景观
	总图系统	法规条文	基地出入口	1. 转弯半径 2. 与交叉路口的距离							
			地库出入口	1. 数量 2. 转弯半径 3. 退红线距离							
			消防	1. 消防车道 2. 消防登高场地							
			车位配置	1. 地面必须按规范配置地面车位 2. 是否按规配置了装卸车位、大巴车位、出租车位等 3. 车位距离建筑至少6m							
			绿地	1. 控规规定的绿地率（注意不同城市对可计入绿地率的绿地有不同规定） 2. 海绵城市要求，绿地过少不利于后期景观设计	●						●
			容积率/建筑面积	以当地面积计算规则为准（特别注意不同地区对超高空间、倾斜墙面、架空层、设备层等的面积计算规则不同）							
		总图构筑物	出地面构筑物	车库出入口、非机动车库出入口的通路及景观处理							
			地下建筑出地面管井	尤其当大面积地库位于主楼投影范围外时，必有地库管井出地面，需要提前考虑位置及景观遮挡		●					
			覆土厚度	1. 不同地区对绿地率需要的绿地覆土厚度有不同规定 2. 给水排水需要一定覆土厚度才能引出水管，如果有较大范围无覆土或浅覆土，要与给水排水专业沟通	●						
		景观	景观与建筑出入口的关系								●
			景观的竖向设计	尤其当建筑有二层平台、屋顶花园等竖向设计时							●
			对周边重要景观元素的呼应	山、水景等							●
			海绵城市	当绿地面积不满足海绵城市要求时，景观需要补足							●

续表

本轮重要性评级	系统	类型		负面条款	水	暖	电	结构	幕墙	内装	景观
	平面系统	任务书	面积	任务书/业主要求的功能及相应面积是否满足							
			物业管理	不同使用单位、不同使用时间段的功能之间是否有物理分隔（视业主要求和空间需求）							
		地库	车位	根据当地规范计算配建车位并估算地库规模，不要出现中途修改地库层数的情况							
			地库挖深	1. 确认是否有货车需要进入地库 2. 向结构确认地库结构形式（梁柱、板柱、密肋梁等） 3. 地库是否有除车库以外的功能				●			
			地下门厅	地下门厅是否"设计"过							
			地下采光	地库必须有自然采光，如下沉庭院、采光带、中庭等							
			配套功能	地库有仓库、厨房等配套功能时，需要有货运流线及出入口，并且与地上功能有单独流线联系							
		层高	特殊功能大空间	宴会厅、多功能厅、电影院、剧院等大跨空间要与结构确认结构形式及结构厚度，确保净高充足				●			
			标准层	1. 与暖通确认排烟形式，自然排烟4m，机械排烟4.2m 2. 当标准层柱跨大于10m时，向结构单独确认结构厚度，并根据实际情况调整标准层层高		●		●			
			屋面	1. 屋面均需要结构找坡及做沟 2. 大屋面排水需要虹吸沟，虹吸沟除沟本身深度外，水管需要1m左右空间，注意室内净高	●			●			
		消防	防火分区	1. 高层3000m²，多层5000m²，主楼和裙房间无法彻底物理隔断则均按高层计算 2. 两个分区之间只有1/3长度可以用卷帘分隔							
			疏散距离	走廊80m，端头25m，大空间37.5m，房间15m							
			疏散宽度	每100人/m，尤其注意大空间疏散以及展厅、多功能厅、图书室等人员密度较高的房间							
			走廊宽度	双面开门净宽1.4m，单面净宽1.3m（需考虑面层）							
			楼梯间	必须贴外墙或出屋面							
			中庭	中庭防火分区面积上下层一起算，中庭周围的防火卷帘必须均为直线							

续表

本轮重要性评级	系统	类型		负面条款	水	暖	电	结构	幕墙	内装	景观
			装配式	提前向业主和当地政府确认装配式的要求，并与结构确认装配式对平面的要求				●			
			悬挑	平面是否有大悬挑的位置，大悬挑需要向结构确认可行性以及结构厚度				●			
		结构	大跨	1. 是否位于顶层，上层是否还有其他功能 2. 向其他专业确认大跨屋面上是否还需要放设备 3. 向结构确认大跨空间结构高度	●	●	●	●			
			结构缝	主楼与裙房之间、两栋主楼之间一定有结构缝				●			
			层间梁	挑高空间中间不应设置层间梁，当挑高空间特别高时，向结构确认柱子长细比				●			
	平面系统		结构超限	当核心筒有偏心、有大悬挑、有错层等情况时，向结构确认超限情况（尽量不要超限，超限审查对设计周期影响很大）				●			
		设备	设备机房	1. 一层必有消控室 2. 视电气要求配置变配电室 3. 大空间旁边必有暖通机房及排烟机房 4. 与暖通确认空调形式，可能需要每层配置新风机房		●	●				
			基础管井	1. 楼梯间旁有加压送风井 2. 卫生间内有排气井 3. 每层均有水井、强弱电井、排风井、排烟井、暖通井							
			屋面设备	1. 屋面是否有放置设备的通透空间 2. 出屋面管井是否有充分空间（如果屋面有覆盖物，要考虑覆盖物结构的厚度）		●					
		特殊人群	无障碍卫生间	至少一层有一个，大型公建每层均有							
			青少年、老年人	有专门规范，同时平面形式对应考虑倒角、活跃性/柔和性							
		空间功能	房间是否好用	1. 是否方正 2. 是否为暗房间 3. 室内是否有暴露的柱子 4. 办公室等小房间是否尺度失调（尤其在政府项目上要格外注意办公室的面积）				●			
			卫生间	1. 厕位数量 2. 卫生间视觉卫生							

续表

本轮重要性评级	系统	类型		负面条款	水	暖	电	结构	幕墙	内装	景观
	平面系统	空间功能	不规则空间	平面上不规则元素周边的边角区域是否充分利用							
			商业空间	1. 要与外摆相结合 2. 要与中庭、下沉广场等元素充分结合，打造多层互动式商业体验 3. 要尽早确认是否有重餐饮							
			空间尺度的合理性	1. 大空间层高是否充分 2. 人员密集场所前厅/休息厅是否足够大 3. 中庭、内院是否大而无当 4. 狭长空间高度是否失调							
			屋面	屋面的设备（水：太阳能板；暖：风机、空调机、冷却塔）、功能（运动、屋面商业）、景观是否进行了统一设计	●	●					
			平面逻辑	1. 平面的组织逻辑是否清晰 2. 多馆合一建筑各馆的昭示性是否明显							
	立面系统	整体	立面统一元素与突变元素的有机整合								
			第五立面是否与立面风格元素有呼应								
			立面线条	1. 线条从整体上看比例是否合适 2. 线条从室内看在那个位置比例是否合适							
			栏杆高度	露台的栏杆高度是否在立面设计中纳入考虑							
			雨篷	主入口雨篷、商业外摆雨篷、防护雨篷（主入口雨篷需要考虑排水和计容问题）							
			街角、主入口的昭示性								
			幕墙厚度	一般标准层为200~250mm，如有挑高空间，与幕墙单位沟通					●		
			分缝方式及方向	影响立面整体感受							
		落地性	出挑线条	1. 出挑线条的轻薄感，厚度需要结构与幕墙专业一同解决 2. 出挑较多时需要考虑排水问题				●	●		
			装饰幕墙	装饰幕墙背后的结构，要考虑成本以及从室内向外看的效果					●		

续表

本轮重要性评级	系统	类型		负面条款	水	暖	电	结构	幕墙	内装	景观
	立面系统	落地性	主入口雨篷	挑高大堂不允许设层间梁，则雨篷需要从幕墙结构上实现					●		
			一层底商	1. 店招位置 2. 空调外机位置 3. 排油烟位置							
			功能	1. 是否有新排风及排烟系统所需的立面百叶（尤其在顶层） 2. 是否有开启扇 3. 是否有充分采光（尤其是外装饰有铝板、石材等时）							
			结构缝	结构缝如何消化在立面幕墙中				●	●		
		消防	消防救援口	尤其当立面有装饰幕墙以及立面多铝板、石材等材质时，要注意消防救援口的设置							
			层间墙	不小于0.8m							
		分缝	显隐框	规范不允许全隐框，需要确定一个明框方向							
			横向分缝	1. 栏杆高度 2. 结构厚度							
			竖向分缝	1. 结构柱网 2. 室内分隔墙（墙体不要撞到玻璃） 3. 主楼、裙房不同类型立面分缝是否对齐							
			倒角	有倒角的话是否与标准模数相契合							
		成本	幕墙体系	是否有可能采用窗墙体系（造价会大幅降低）							
			玻璃大小	单块玻璃不要超过4m²							
			弧线造型	尽量用直板、单曲板消化					●		
			对缝形式	十字对缝容错率较低，错缝对立面方向性影响较大							
			屋面升起	升起幕墙背后有结构，升起较高的话成本也较高				●	●		
	室内系统	原则	结构即所见						●	●	
		幕墙	墙体是否与幕墙玻璃有冲突						●	●	
			幕墙结构内视效果						●		
			吊顶高度与横档的关系						●	●	
			窗帘盒的位置	尤其注意在圆角处窗帘盒和窗帘的安装						●	
		结构	暴露的柱子	尤其注意倒圆角的位置是否有柱子暴露以及墙面上的柱子是否凸出到墙面之外				●		●	

续表

本轮重要性评级	系统	类型		负面条款	水	暖	电	结构	幕墙	内装	景观
	室内系统	结构	结构的美感	决定了是否能把结构暴露出来，需要有创新思维				●		●	
		设备	水暖电管线	当某些空间希望无吊顶时，特别注意各专业在这个空间内是否有管线	●	●	●			●	
			暖通出风口	1. 高大空间出风口常在墙上，且以喷口形式出现，影响内装效果 2. 吊顶上的出风口需要与吊顶的线条形式相结合 3. 高大空间墙面底部必有一回风口，设计时需要考虑		●				●	

第六节　施工图设计的综合整合把控

一、整合的重要性

通过对负面清单的核对筛查，扩初深化阶段的成果基本已经具备了相当高的完整度及合理性，但施工图设计依然是一个重要过程，在该过程中，传统设计模式下各专业都站在各自的角度上对方案进行专业设计，单方面与建筑专业进行对接及修改，经常出现各专业间图纸不合，多次修改后设计面目全非的问题，不够整体，没有协作。设计人员需要摒弃传统设计模式中简单粗暴地解决问题、缺哪补哪啥错改啥的习惯，拒绝零碎修改，拒绝单个专业独自修改，以保证质量为原则进行整体设计综合控制。

二、整合中的清单式把控

设计伊始，方案设计团队需要向施工图设计团队完整传达设计的理念、初衷、亮点、重点，保证施工图设计人员能理解该设计的原则及底线，明确施工图设计的重点是保证方案设计的理念及效果。在实际设计中，需重点关注方案的亮点空间、特殊空间。在这里，我们再次采用了负面清单的模式，这份负面清单区别于扩初阶段的普适性问题，重点关注设计的特殊空间、重亮点区域，用集中攻克、综合考量的方法保重点、保亮点。这份清单从建筑、结构、机电三个维度对方案一次性提出了多方位的重点问题，对于建筑设计中大到提纲挈领的空间合理性，微如细节化的吊顶出风口形式均进行了考量，要求各专业同时思考，协同工作，在设计中同步解决各专业的所有问题，同时体现出方案的理念亮点。

通过这份重点负面清单的总体性控制（表3-2），施工图设计在这个框架内实现了多专业综合设计，突破了传统设计模式中各专业零星对接、单独修改导致的弊端，从一开始就在一个框架下一起解决问题，攻克难点，保证设计的完整度及整体性。

重点空间负面清单

表3-2

专业	负面清单	
建筑	空间存在的合理性	功能上、意义上
	与周边空间的交接	
	尺度	高宽比、面积
	消防	1. 消防疏散 2. 防火分区如何划分不影响空间表现力
结构	自身结构形式	混凝土或钢结构
	与周围结构的搭接	尤其当结构形式不同或中间有缝时
	结构与幕墙、内装一体化	结构自身的表现力
机电设备	其他专业在该空间内的管线	管线如何走才不影响空间表现力
	暖通风口	1. 高大空间出风口常在墙上，且以喷口形式出现，影响内装效果 2. 吊顶上的出风口需要与吊顶的线条形式相结合 3. 高大空间墙面底部必有一回风口，设计时需要考虑
	排水	无顶中庭的内部排水，有顶中庭的顶部排水

第七节　工程设计与工程建设的衔接

建筑方案在设计团队内部达到了完整统一后，距离完整落地还有工程建设这一难关。在实际工程中，建设单位时常不具备完整理解方案理念的能力，因此需要设计团队继续深入对接，完善与建设单位间的接口，多走一步，保证方案的完成度。质量管理不仅是设计过程及成品，还包括后期服务和改进等过程。我们以角色定位为出发点说明设计与建设的管理工作。

一、项目负责人

对项目的整体技术标准、设计进度、设计质量和设计团队进行协调和负责，要对整个项目做到心中有数。

（1）组织工程施工前的设计交底工作，根据需要及时组织有关专业人员去现场进行施工配合服务，负责协调处理好工程施工和安装、投产过程中的设计技术问题；

（2）根据需要，参与工程项目的竣工验收与设计质量回访，提供项目的质量综合信息，贯彻落实改进设计质量的纠正措施；

（3）对设计过程中收集、积累和形成的总体性设计技术资料、基础资料和重要文件、函电以及有关工程项目的质量记录等，负责按照有关规定做好立卷归档工作，保证档案的准确、系统和完整。

二、专业负责人

专业设计中的负责人，负责水暖电等专业设计工作。

（1）负责施工、安装前的专业设计交底，处理施工过程中的专业技术问题，根据需要参与项目的评审、施工配合及验收工作；

（2）主导专业的设计负责人要负责主持有关建筑物及区域管道汇总的协调工作会议，防止发生错、漏、碰、缺等情况，必要时可提请项目负责人参加会议，做出决定；

（3）负责对专业设计过程中形成、积累的文件、资料进行收集、整理及归档。

三、设计人员

项目设计的参与者，对自己负责的板块必须熟悉，对设计中发生的会议、沟通要做好记录，帮助项目负责人完成交底，并配合后续现场工作。

第 4 章

创新运动的理念植入

第一节 城市设计理念——探求城市空间的魅力

一、建筑契合城市空间

城市的五要素：道路、边界、区域、节点、地标。每个建筑项目的用地总是在这五要素当中经历不同的要素组合和所需要承担的城市角色。所以，在具体的设计过程当中，要有针对性地采取不同的策略。

1. 道路

针对不同的城市道路等级，划分建筑项目与城市道路的互相关联。城市道路的宽度与建筑的亲和性是成反比的，越高等级的城市道路，与建筑的亲和性越低，相反，一些仅有基本道路，能够形成小街区密路网的地区，可能是城市中最具多元活力的地方。

2. 边界

边界是城市空间的一种线性的表达。在大量的城市空间当中，边界是统一性的整合，形成了漫长的线性规律。但是作为建筑的边界表达，更多的是对城市空间的引导以及对边界性质的定义。由点状或者说反状的建筑进行排列的组合关系，绝大多数情况下，以群组的形式，在某一相对的线性边界上表达城市空间的意思（图4-1、图4-2）。

图4-1　博地中心设计的
城市边界（效果图）

图4-2　博地中心呈现
的城市边界实景

3. 区域

区域有两层含义：首先，区域是5个关键元素当中唯一一一个可以被量化的指标。作为常规建筑的设计出发点，区域的量级意味着在城市当中所扮演的主要角色，从城市设计、组团设计、组合设计到单体设计，区域量级不断变化，对城市的影响也会有相应的不同内涵。设计当中应该准确地把握区域的不同内容，通过区域的量级变化，对城市空间有准确的把控。其次，区域是从线到面的转换过程。线性更多地是引导关系，而区域更多的是体验的感受。所以，如何在区域当中打造特定的城市空间组合，是城市所面临的问题（图4-3）。

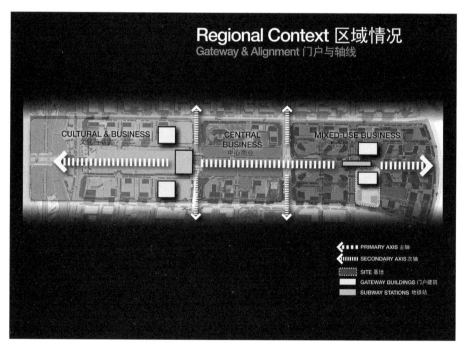

图4-3 博地中心区域情况分析，明确了该项目作为区域门户及中轴线重要地标的区域地位

4. 节点

节点往往是城市空间虚的一部分，是由实体的建筑所围合界定的测试空间部分。节点更多地体现在建筑形体和建筑肌理的延伸上。当节点空间小于建筑设计的时候，节点与建筑设计将形成一个整体，成为城市的空间节点（图4-4）。

图4-4　博地中心内部围合庭院作为城市开放公共节点

5. 地标

　　绝大部分的建筑都是城市的背景墙。建筑形成城市地标主要有以下两个情况：首先是建筑的高度或体量决定了建筑天然形成的城市地标角色。其次是在某些城市意象空间形成的特定角度赋予建筑地标性（图4-5、图4-6）。

图4-5　博地中心地标效果图

图4-6 博地中心地标实景图

二、建筑创造城市空间

建筑设计作为一个物理空间存在，本身就是创造城市空间的一种基本设计活动。所以建筑设计必须遵循上位城市规划。仔细研读上位城市规划对于城市总体策划、建设产业、运营等各方面的前置条件要求，将建筑设计的内容植入到城市规划当中去，有选择地吸收城市规划的内容，深度挖掘建筑设计所能作出的提升，综合而言是基于城市规划而高于城市规划。

1. 以最广泛的城市视角作为建筑设计的出发点

对周边的城市情况有深入的了解，梳理城市既有的脉络和上位规划所作出的对城市方向的判定，了解周边辐射范围之内城市的物理空间、经济产业、服务人群等各种社会资源配置的情况，形成整个设计出发点的经纬纵横的坐标轴，将建筑设计放置到轴线的坐标上，才能形成良好的建筑设计（图4-7～图4-10）。

图4-7　博地中心针对城市尺度下的交通网络进行的分析

图4-8　博地中心针对城市尺度下的发展进行的分析

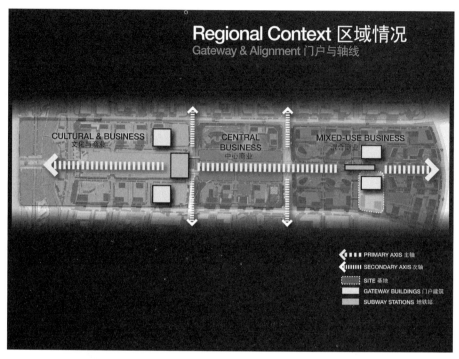

图4-9 博地中心在区域尺度上针对门户及轴线进行的分析

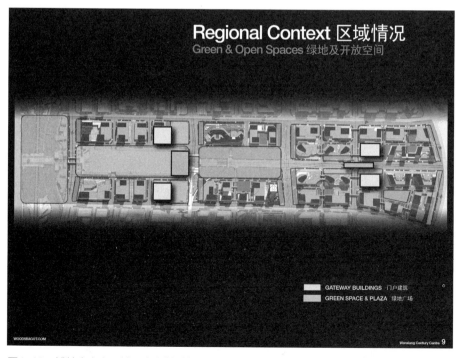

图4-10 博地中心在区域尺度上针对绿地及开放空间进行的分析

2. 以最广泛的人群需求作为建筑设计的实现点

建筑本身是承载人类生活生产的物理容器。这就决定了建筑与建筑之间所形成的城市区域也是建筑所承载的人类的生活、生产、社交所需要的城市物理空间。所以，如何用最契合、最丰富的城市空间来燃烧城市的激情，升华城市人群的需求是城市空间评价体系的实现点（图4-11）。

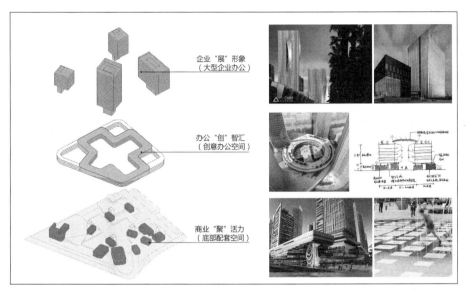

图4-11　杭州某科技园项目的设计理念，将园区三个层次的不同人群需求作为设计的原始理念，创造了三重空间/功能来满足城市人群的不同需求

三、建筑成就城市魅力

1. 提升城市品位，创造城市地标

这一点体现的就是建筑设计本身的纯建筑学的专业问题。首先，在广泛的、宏观的城市区域当中，地标性建筑的地标性体现出了城市的意志，形成了城市的名片，提升了城市的品位。从这个角度讲，如何让建筑形成让人过目不忘的体形和呈现出强有力的城市地标性是地标性建筑所要解决的问题。其次，在中观领域让建筑与建筑的组合关系体现出良好的城市属性，可以是建筑组团之间互相的呼应关系，也可以是建筑组团之间互相的对比关系，可以是古今对比，也可以是新旧传承。在街道与边界、区域与节点之间找到建筑组合关系，是令人印象深刻的城市魅力所

图4-12　杭州某科技园项目的街角透视图，用退台式的建筑形体强调城市的标示性，同时底部商业空间的虚化处理使近人尺度上建筑更具有可接近性

在。最后，在微观领域，也就是城市人群对于城市记忆碎片化的综合，主要体现在建筑局部的节点上，如令人印象深刻的建筑构造、建筑表皮处理、建筑装置或是建筑科技的设置。这些微观的近人尺度的设计，往往是建筑师能力所不能及或是容易忽略的细节，但也恰恰是城市魅力的重要因素（图4-12）。

2. 关注公众利益，创造城市活力

公众利益来源于两个方面：一个是公众的社会权益，另一个是城市商业的利益。有活力的城市往往兼顾了公众的社会权益和城市商业利益，找到了两者之间的契合点，即使得公众愿意消费、愿意聚集、愿意交往的城市商业结合点。而没有活力的城市往往是注重局部的利益而忽略了另一方面的权益，导致公众权益受到侵害，例如建筑自我的围合使得公众非常难以进入，而公众权益受到侵害之后，也会造成城市商业利益的损失。所以，好的建筑一定是经过周密的前期策划和运营，对区域内的人群有精准的人设描述，就像一个筛子一样将其筛选出来。目标人群所需要的公众社会利益直接反映在建筑的空间打造、商业层级、配套容量、进入方式等各种商业开发的设计当中。通过这样的设计才能形成有序的、契合的、具有城市活力和烟火气的综合性城市空间（图4-13、图4-14）。

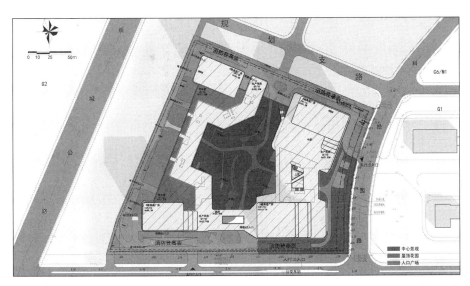

图4-13　杭州某科技园项目的三重绿地设计，形成由外及内、自下而上的多层次立体绿化空间，满足城市的景观需要

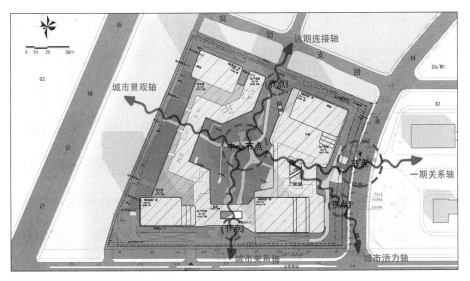

图4-14　杭州某科技园项目的内外空间关系，建筑联系城市景观、人流、空间，在各个城市界面均与城市紧密关联，引导人流进入，在组团内创造出富有活力的核心空间

3. 消除建筑结界，打造无边界的互动

　　城市的魅力在于它的社会属性，没有社会公众的深度参与与共同活动轨迹所打造出来的繁荣城市空间，就不能称之为成功的城市空间。所以，如何针对城市的社会属性加强某一特定区域当中人与人之间的交流互动，用合理的建筑空间引导人的流动和停留是涉及的首要问题。我们遵循以下几条设计原则，可以有效地打造无边

界的互动：

（1）加强建筑底部的空透性，形成室内室外看与被看的视觉互动关系。

（2）创造多样性的建筑进入方式，可以是台地化的景观设计，也可以是多首层多层次的建筑导引进入，还可以大空间地自由选择进入。通过多样性的城市立体交通、立体社交、立体绿化，创造出多样性的人员导引，让建筑的人视微观空间活起来、动起来（图4-15）。

（3）消除建筑室内外的边界，用无界园景的理念消弭城市建筑、街道建筑与城市空间之间的隔阂。建筑形成更多的内外互通空间，通过雨篷、连廊等多种形式创造人和空间之间的多重灰空间（图4-16）。

（4）多重手段并举，实践科技生态的智慧城市。在科技日新月异的时代，设计师必须了解最新的科技动向，通过智能化的手段提高建筑与建筑之间内部人员的流动性。使目的性的消费，通过智慧化的手段形成更大的人流。同时，作为城市空间节点，有效地利用最新科技手段，打造出3D立体多重化的声光电效果，创造更具有活力的全天候、全龄社会活动。

图4-15 杭州某科技园项目效果图，用空中连廊的形式打开了城市边界，又保留了内部沟通，形成了立体化的内部组团，底层商业配套采用了通透的立面手法，加强了近人尺度上的关联性，减轻了边界感

图4-16　杭州某科技园项目的核心中庭效果图，与城市及建筑的紧密互动创造出富有活力的中心

第二节　文化挖掘理念——寻找在地文化的元素提炼

　　公共性建筑作为社会活动的载体，其文化含义往往与建筑本身同样重要。对于文化有不同的理解，用强势的建筑语汇创造文化与用深刻的在地文化凸显文化是两种不同的思路。

一、在地文化是设计上位法则

　　建筑设计本身就是人类社会最显著的人类文化的创造者，一个地域的文明展现往往就是建筑的呈现。长城之于中国、天坛之于北京、天安门之于中央，三座不同的建筑就可以代表三个不同的文化含义。尊重文化是建筑师作为人类社会成员的基本素养。在地平线上塑造人文构筑物是建筑师的职业特性，将物理空间合理地放置在已有在地文化的环境当中，体现不同的地域特点和文化标志性是设计师必须遵循的设计上位法则（图4-17）。

图4-17 良渚当地最重要的在地文化——良渚遗址成为良渚考古与保护中心的设计法则

二、在文化基地上的在地文化体现

在文化基地上的建筑设计，首先要做到的是尊重。这里分成两种情况：如果现在这种文化是以物理空间存在的，就是凸显其存在的意义。如果这种在地文化已经消亡，或者并不以显著的物理空间存在，我们要做的是唤起曾经的文化记忆，或者找到文化技艺背后的内存与云形成建筑师自己独有的语汇去进行物理空间的再塑造。其次，在具体的手段上应该分成"消隐"和"抽象"两种。消隐的前提是在可能的情况下尽量缩小建筑的体形（图4-18～图4-21）。例如贝聿铭先生设计的美秀美术馆，在青山秀水之间寻找美术馆，作为在地文化最小体量化后的象征性表达，同时以大师最擅长的三角形为母题，抽象地表达东方建筑美学意境。

图4-18 良渚考古与保护中心方案一效果图

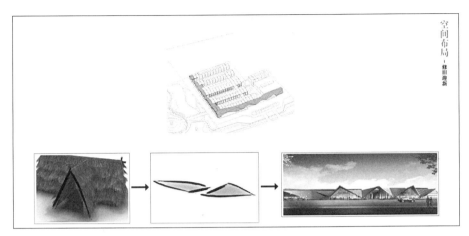

图4-19　良渚考古与保护中心方案一设计理念，汲取良渚遗址中茅屋的建筑元素进行形体构造，形成隐喻又坚韧的建筑形象

图4-20　良渚考古与保护中心方案二效果图

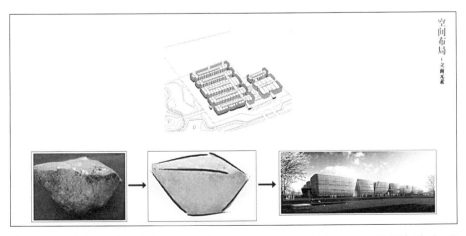

图4-21　良渚考古与保护中心方案二设计理念，提炼良渚遗址中玉石元素的材质与造型，用砂石、大理石体现玉石朴实温润的质感

三、在非文化基地上的元素提炼

事实上，绝大部分的文化类项目都在非文化基地的城市建成区、城市新区、城市景观带，乃至于产业开发区等区域当中，周边的建成区也许是完全程式化的城市状态，甚而是一种让人失望的常规非理性城市状态。在这样的情况下，文化类建筑就会变成提振城市区域、加强城市地标性、创造令人振奋的城市形象的语汇。建筑设计的语汇形式和语汇背后所表达的建筑形体如何与文化相得益彰地融合在一起是重要的课题。针对这样的情况，在具体手段上，应该分别采用"形态美感"和"抽象语言"两种手段。"形体美感"是永恒不变的设计主题，无论何种文化元素的提炼，形体美感都是建筑设计的基本出发点和思维的起点，有美感的建筑在城市当中就具备了基本的合法性。"抽象语言"是在具体的设计当中体现的，将材料、色彩、光影等各个元素充分融合，形成简洁、统一、具有时代性的建筑形态。所以，能够引起市民的自豪感和公众的参与意愿的建筑是文化类建筑更要追求的，是燃烧城市激情的所在（图4-22～图4-25）。

设计理念：

显姚江山水
再造文化山

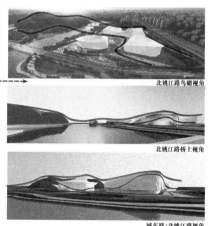

图4-22 余姚文化中心设计理念（1）

图4-23 余姚文化中心设计理念（2）

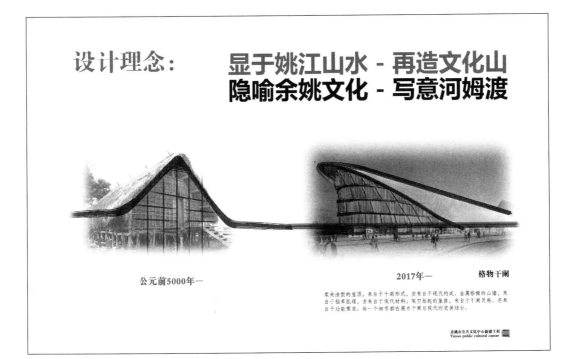

图4-24 余姚文化中心设计理念（3）

图4-25 余姚文化中心效果图

第三节 空间理念——可感知的空间延续

一、可感知的设计要素

　　每栋建筑都应该留下自己独特的设计语汇，而属于建筑师或建筑团队的独特的设计语汇就是需要经过长时间的自我锻炼、自我坚持、自我提炼所形成的独到的可感知的设计语言。设计语言的物化就是一栋建筑所要讲究的设计要素，当要素在城市当中展示出来，可以让观众和参与者深刻地理解设计师所要表达的情感和其理想目标，就是设计语汇的成功。所以，建筑设计师必须充分地运用这些特性，结合建筑项目本身所需要的功能空间，通过特殊的空间手段、形体手段、材料手段等各种综合性的手段去打造一个可感知的设计要素。

二、空间延续的设计意义

　　随着人类社会从统治社会慢慢进入到公民社会，建筑作为社会上层建筑的具体物理形态，必然深刻地反映着人类社会的社会属性对物理空间的需求。公民社会的建筑的最大特性在于建筑的公共性、空间的参与性以及空间的流动性，引导人群去向各个合理配置的建筑功能。无论是办公建筑、政府类建筑、文化类建筑还是其他公共建筑，都越来越将笔墨的重点放置在公共开放空间延续的设计内容当中。所以如何在新的设计领域当中创造让人记忆深刻的开放性空间，让开放性空间与封闭空间互相之间能够无界地连通，让建筑充分体现出公民社会中互相交流、共同提升的活动内容是其意义所在。

三、刻画可感知的空间

建筑的开放空间光开放是不够的，建筑设计的手段就像导演一样，通过故事线的塑造让人沉浸在剧情之中。所以，建筑师也需要通过对空间的合理引导以及对空间尺度的合理把握，通过空间、材料、色彩、光线等设计手段的综合运用，打造"被设计"的流动停留聚集空间。任何人进入建筑都能够明确有序地被感知、被引导，一目了然地了解到建筑内部的功能配置。基于这样的引导产生建筑设计师所期望的活动是可感知的空间刻画的首要任务。

四、案例

以衢州双中心为例，衢州双中心的内容包含了衢州大剧院、衢州美术馆、衢州文化馆、衢州图书馆、衢州会议中心、衢州集中办理中心等复杂多样的城市公共配套建筑。在常规的建设过程当中，很容易让人迷失在巨大的建筑空间内（图4-26）。

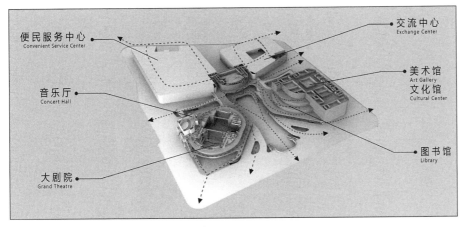

图4-26　衢州双中心项目的功能落位及交通联系，中央大堂作为各功能板块交流区和周边区域的导向核心，承担了城市公共空间的职责

如何通过有效的引导，将地面、地上、地下等多个层次数量巨大的人流合理地引导到一个中心节点进行集中再分散，在分散过程当中又能合理地互动是衢州双中心设计的重点所在（图4-27）。围绕重点，设计通过中心的十字走线和负一层、一层、二层互相融通的台阶状的共享空间解决建筑的公共性。使用统一的流线型白色铝方通形成的流水状墙顶一体的室内空间设计语汇以及将阳光和外景直接导入室内的光影导引的手段，进一步创造可感知的空间形态（图4-28）。通过多种手段的空间营造，将所有的功能内容合理地组织在一起，共同打造了一座衢州文化的圣殿。

图4-27 衢州双中心项目中央大堂中的立体人流引导

图4-28 衢州双中心项目中央大堂的室内空间设计

第四节　建筑语汇理念——建筑设计语言的全覆盖

一、设计语言的统一性

设计语言的统一性主要表现在以下几个方面：首先，设计语言的纯净性。纯净性是设计语言的最高境界，这就要求设计师对纷繁复杂的设计内容、要求进行设计语言的转换、演绎、归纳，最后形成至简的设计表达。从总图到体块，从平面到立面，所有的基本语汇、平面构成、立面构成都是采用同一母题进行设计。这要求设计师能够平衡所有项目当中的矛盾冲突点，在处理矛盾冲突点的过程当中达到最佳的统一性。最终的表达状态是纯净性。

二、设计语言的功能性

功能性是设计语言在建筑设计中的出发点和它的基准线。建筑的本意是供人使用的场所，现代建筑应该像工业仪器那样精密并且富有逻辑性，任何建筑设计的语言表达都应该具有其功能性。所以，从这个角度上讲，以下几个方面是建筑语言的基准点和出发点：

1. 建筑的结构体系将成为建筑语言的主要表达

优秀的建筑，从本意上说，其出发点就应该是以建筑结构为其主要的空间体系来展开整个设计。中国传统建筑的梁柱木结构体系、抬梁结构、斗栱结构将木构建筑的结构美与建筑美完美结合；西方建筑中的十字拱、筒拱、帆拱以及大空间穹顶式也是建筑结构成为建筑设计语言的淋漓尽致的表现。所以，建筑结构不是建筑设计的对立面，而是一个统一面。建筑结构不应该被隐藏、被包裹，而是应该被彰显、发挥，成为建筑设计的基本语言，展现在广大的观众面前（图4-29、图4-30）。

2. 建筑的功能性构件成为建筑本身的组合语言

任何建筑空间设计都应该结合功能的合理落位，并且将这些功能构建成最基本的空间组合元素，以美学的角度进行重复的排列，形成具有震撼性的设计效果。这样的排列组合关系可以是重复交错的楼梯，可以是层层相错的阳台，也可以是化整为零的阵列式的细柱子。将这些建筑本身的功能性构件转换成建筑设计语言，在空间上进行有效的组织是建筑世界语言功能性的重要表现方式（图4-31）。

图4-29 上海龙美术馆——伞拱结构的直接表达

图4-30 邱家坞大师村——混凝土核心筒悬挑结构的直接表达

图4-31 天津滨海图书馆——阅读功能中书架与阅读空间的重新构建，形成了丰富的室内空间

3. 建筑的功能性节点成为建筑本身的细节表达

当前，科技的发展使得建筑对于物理舒适度提出了更高的要求，所以在建筑设计中要结合各种规范、各级绿色建筑指标以及生态性被动节能建筑的需求对建筑的细节进行更加深入细致的设计。同时，人性化的关怀以及对于特定人群的特定设计也将成为建筑设计的具体语言。从某个角度说，仅建筑的通风一项，众多的围护体系开启方式就成了建筑立面设计的选项。例如开启式的通风幕墙就会有非常多的设计方式，而这些设计方式结合建筑的平面落位、人的使用习惯、建筑外立面的美观程度、综合造价等各个方面统一考虑，形成了独特的建筑立面连续而重复的语言，最终形成了建筑的一种个性化效果表达（图4-32~图4-34）。

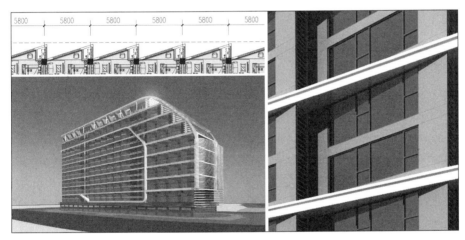

图4-32　杭州某公寓项目设置在立面斜角处的开启扇，设备平台与开启扇一体化，对立面影响最小

图4-33　杭州某科技园项目隐蔽式开启扇（外玻璃内倒）

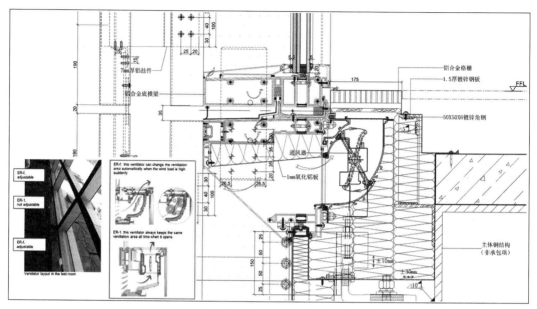

图4-34 杭州某写字楼项目幕墙通风器体系

三、设计语言的导引性

设计语言的导引性，主要讲述的是建筑设计让建筑静静地呈现在观众的面前时，是一种无声的叙述。设定的语言要能够在充分地了解目标人群的特定需求、使用习惯、观感的基础上，创造出吻合人群舒适度需求的设计语言。优秀的建筑往往在利用空间、光线、材质等方面都具有合理的手段，最终将人类的情感宣泄达到最高的境界。不同的设计语汇形成序列严格的礼仪空间，开敞、多样的公共共享空间，错落叠合、绿意盎然的生态休闲空间，乃至于纯净混沌、轻盈转承的现代摩登之无用空间。同样是宗教建筑，古罗马的万神庙、中国的佛光寺、柯布西耶的朗香教堂、安藤忠雄的光之教堂、SOM的水晶大教堂等不同时代、地域、宗教理念、材质、设计理论的宗教建筑，通过类似的神的中心地位、光线的引导、精神的升华达到营造目标（图4-35~图4-39）。

图4-35　万神庙（古罗马）

图4-36　佛光寺（唐）

图4-37 朗香教堂（勒·柯布西耶） 图4-38 光之教堂（安藤忠雄）

图4-39 水晶大教堂（SOM）

不同时代的宗教建筑，经历了材质的变化、结构的革新，用不同时代的设计手法，通过材料的运用、光线的塑造、形态的构建，最终导向宗教建筑对至高神的隐喻、对人精神的引导

四、设计语言的提升性

　　公共建筑，严格意义上就是城市意志的一种提升和体现。扎哈·哈迪德曾经说过：“如果建筑的周围是一堆垃圾，难道我也要为了和谐去效仿它吗？”我的理解是真正好的公共建筑是以城市本身为基础的，设计语言在此之上进行一次燃烧城市价值取向的创作。真正要讲求的是建筑设计本身具有的基准线和城市本身拥有的基准线之间是否有落差。如果建筑存量的城市风貌并不能代表当前时代城市建设的高水平或者基准线，那么新建的公共建筑必须在这样的基准线之上来进行城市面貌的提升和设计语汇的表达。如果建筑所处的城市建成区本身已经具有非常高规格的城市建设水平或是纷繁摩登的城市形象，那么建筑设计语汇更多地是考虑与周边建筑的差异化、合理化的设计，也就是我们经常说的“和而不同”。所谓“和”，即是指建筑必须与已建的城区在同一个基准线上，这是“和”的基本属性。所谓“不同”，是指在矛盾统一体上强调建筑的个性以及与周边建筑的差异化呈现。哪怕是文化基准非常高的传统经典城市街区新建建筑也要在其总体风貌设计的各个控制性条件下，采用最新的建筑设计语言、材料技术和现代设计手段，表达出城市的进步和时代的步伐（图4-40、图4-41）。

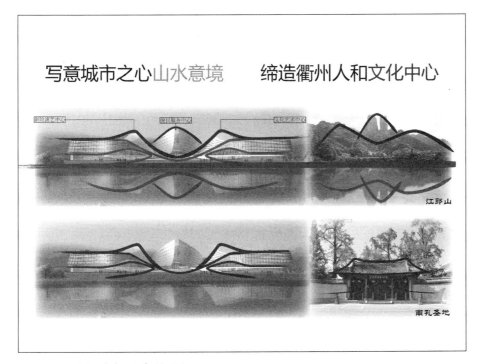

图4-40　衢州双中心项目设计理念

图4-41 衢州双中心项目实景效果图——以更广尺度上衢州的山水特色为设计理念,又超脱衢州城区的现有风貌,定义了衢州新城区的新地标

第五节 结构逻辑理念——结构即所见

一、建筑造型与结构逻辑统一

建筑本身在最早的经典教学当中就是由结构体系、平面体系、围护体系和覆盖体系四个体系组成的,而四个体系当中,结构体系、围护体系、覆盖体系都与建筑结构息息相关,三个体系所围合的空间,就是平面功能体系。从这个角度来说,建筑逻辑的出发点,应该首先考虑的是建筑结构的逻辑,应该充分地考虑建筑结构与功能平面的契合度,依照建筑的平面特性选择合理的建筑结构,让建筑结构成为建筑空间组合的基本设计元素,所以结构在各种建筑中的不同表现都具有其存在的合理性。对于超高层、高层的建筑来说,结构本身即是建筑存在的基本要素。结构技术的不断精进,对于结构的水平荷载、自重荷载、抗震荷载的不断探索,包括创新的结构形式,都是高层建筑不断向上攀升的动力。每一个著名的超高层建筑都是某一种结构创新的结果。长期霸占世界超高层顶端的芝加哥西尔斯大厦,其结构就是束筒结构的最佳典范,而芝加哥汉考克大厦则是巨型桁架结构的最佳典范。在一些相对小众的文化类建筑中,结构的表现更是让人眼花缭乱。卡拉特拉瓦设计的纽约双塔遗址公园的地铁站通过巨型的交叉式悬臂结构的咬合,形成了未来派建筑表达的纯净序列感。所有这一切,都是建筑与结构的基本逻辑关系统一体的完美例证(图4-42~图4-45)。

图4-42　芝加哥西尔斯大厦——束筒结构

图4-43　芝加哥汉考克大厦——巨型桁架结构

图4-44 纽约世贸中心交通枢纽——悬臂结构

图4-45 邱家坞大师村——清水混凝土核心筒悬挑结构

二、建筑功能与结构形式深度融合

　　好的建筑结构逻辑应该充分地考虑到建筑的使用功能、使用功能条件下的平面基本模数、模数与模数之间的组合关系，以此为出发点考虑建筑结构的基本形式以及如何采用最有利的建筑结构去支撑建筑平面。通过这些考虑，产生具有美感的建筑结构逻辑关系，最终形成具有标志性的空间一目了然的建筑结构设计（图4-46、图4-47），只有这样的逻辑出发点才是建筑设计逻辑的基本出发点，也是建筑学本身的根本意义。伊东丰雄在这个方面是做得很出色的，无论是仙台多媒体中心、武藏野图书馆还是台中歌剧院，都重复体现了建筑功能与结构形式深度融合、浑然一体的超高层建筑逻辑。

图4-46　邱家坞大师村私密空间与开放空间

图4-47　邱家坞大师村开放空间实景——开放功能为悬挑结构塑造出纯净通透的无柱空间，采光度要求不高的交通功能利用了封闭的混凝土核心筒内的空间

第六节 建构逻辑理念——所建即所得

一、建筑与空间的同时呈现

长期以来，建筑设计受传统观念影响，可谓只见建筑不见空间。大量的建筑都只是按照数学模数在二维平面上的基本组合，而这样的组合关系通过乘数重叠形成了基本的建筑框架。所以，在建筑创作伊始就将建筑与空间同时考虑，这是设计所要遵循的一个重要的逻辑。所以，重要的事情是设计要敢于把建筑往空间上去推敲，要敢于把建筑往内部去设计，形成内外结合于一体的建筑设计空间的概念。建筑重要的不是其实体的部分，而是其空虚的部分，建筑的空间格构的特性就是建筑呈现的语言。例如在长三角数字产业园当中，以中心四个核心筒为主的结构负荷体系向四周进行14m宽的大桁架悬挑，每处悬挑贯穿两层建筑平面，形成了漂浮于空中的科创企业云办公概念，而在结合中央公园的一侧设置了共享边庭，将科创人员的交流、会议、休闲等功能自上而下贯穿整个建筑立面体系。这些手段就是建筑与空间完美结合并同时呈现的基本设计方式。无柱的平面空间恰到好处地契合了科创企业的生长、发展、扩大和科创企业的基本组织模式。而悬浮的建筑空间又使得底部的商业入口门厅，包括架空层的休闲部分，都能够与共享边庭一起展示出科创企业办公建筑创业创新的精神状态（图4-48、图4-49）。

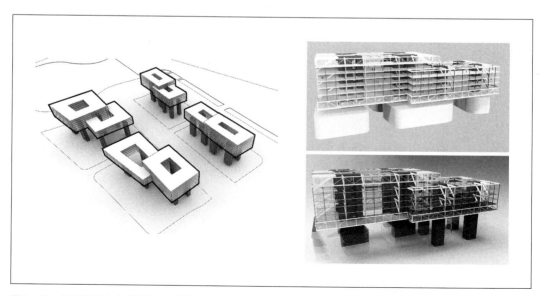

图4-48 长三角数字产业园的巨型桁架结构体系，创造了悬浮的建筑形态

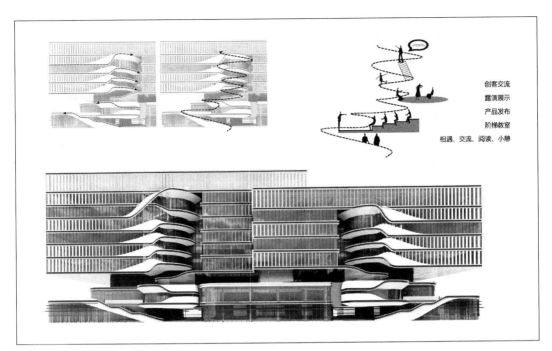

创客交流
路演展示
产品发布
阶梯教室
相遇、交流、阅读、小憩

图4-49　长三角数字产业园的共享边庭，串联起自下而上多个空间

二、设计的开始即是建筑使用的开始

在传统概念当中，建筑的使用通常在于建筑交付之后进行的平面功能再利用，所以往往大空间最后会被变成各自的小空间，完整的空间最后通过人的使用分割成不同的小空间建筑。完成的状态和建筑使用过程中的状态在很大程度上有着天壤之别。现代建筑的设计概念当中会尽可能地预留、预设好未来的建筑使用场所的设计逻辑。设计开始的时刻，即是对于建筑使用状态的全生命周期的考虑。建筑在未来使用过程当中的变化、变异、发展也是在初始设计当中已经予以预测演变的过程。长三角数字产业园，在其设计伊始即考虑到企业的生长，所以平面无柱是基本概念，而两层贯通的斜拉式桁架，会在每层产生一段有一定斜率的桁架空间，但这些空间完全可以结合未来办公工位的设置形成具有结构美学的未来科创办公空间所需求的内容。在整个悬浮的建筑下部又是完全可以穿越融通的商业设计的内容，商业与建筑之间有巨大的架空层，再次形成了室外人类活动的轨迹。这些内容都是从设计一开始就考虑到建筑全过程、全周期的企业生态才产生的结果（图4-50、图4-51）。

图4-50 长三角数字产业园办公空间效果图——纯净无柱，局部斜向构件创造活跃空间

图4-51 长三角数字产业园外景效果图——一层与景观结合的商业空间及轻松可达的二层架空人行空间

三、所建即为合理的设计存在

优秀的建筑项目，总是用最合理的设计来诠释建造的合法性。首先，建筑忠实地反映功能的存在。就像菲利普·约翰逊的glass house一样，所有的建造都是具有功能性的设计。每一个建筑的部品部件都包含着功能的合理性，封闭、严实的私密空间与空透、流动的公共空间简洁地诠释着建筑的所见即为所得。长三角数字产业园的空间斜拉式桁架呈现的结构美学，走道空间形式与结构形式的完全融合，顶部的钢结构压模钢板的露明处理都是忠实于建造的合理性，将建筑的建构设定成最终的所见所得。最后，建造必须杜绝二次无用的装饰设计（图4-52、图4-53）。建造的合理性就要求设计师必须提前考虑其建造的"一次完成度"，学习经典作品的完成度以及达成设计目标的初次努力。"所见即所得"就是建筑设计的最佳状态。

图4-52 长三角数字产业园的走廊空间效果图——充分利用桁架结构的斜拉杆件形成走廊的构成部分及活跃空间

图4-53 长三角数字产业园办公空间效果图——钢结构的直接暴露，结构即所见，所见即所得

第七节 人本需求理念——提炼客群需求的建筑外化空间

一、确立特定人群—空间—建筑的设计思维逻辑

首先，建筑设计根本上还是从人的角度出发，创造适合特定人群使用的建筑物理空间。所以，设计必须深入地了解建筑所面对的人物，对特定的人群进行行为轨迹的描述和了解，对特定企业组织模式、工作的组织方式进行深入的调研，对其现在和将来的发展有深入的目标定位，对企业的盈利方式以及其承受能力进行合理的估算，只有这样才能创造出适合人群使用的建筑。其次，倘若仅仅了解对象的基本情况，还不足以将建筑的空间做得更有趣、更贴切、更有契合感。更重要的是放眼当前市场上优秀的案例和已经产生的问题，合理地评估在建筑全周期范围内特定人群的使用模式。只有进行横向和纵向的比较，参考优秀的案例，和使用人群共同对建筑进行未来的描述，才能够设计出真正属于这座建筑所面对的人群的真正好空间。

二、特定人群需求的物理空间塑造

特定人群的物理空间可以通过以下几种方式来考虑如何去塑造。首先是开放与封闭的空间比例。人是具有社会属性的动物，除了私密空间是封闭性的，对于社会属性来说就是开放性。任何一种建筑类型都需要考虑两种不同的建筑物理空间，不同建筑之间的差异只是两种物理空间的比例不同而已。以办公建筑为例，其办公空间中的办公室、工作岛、内部会议等使用内容是封闭性的空间，而公共的会议室、大堂过道以及创意共享空间其实是开放的空间，如何将两类不同的空间进行归纳演绎，是建筑物理空间打造的首要前置条件。其次是服务与被服务空间。不同的企业按照其工作的属性，都会产生服务与被服务关系。即使是最简单的办公楼，其核心筒作为服务空间不仅仅存在着电梯、消防电梯、疏散楼梯、卫生间、各设备用房等，也可以有茶水间、会议室、上下开敞的楼梯以及其他辅助空间等，这些空间与真正被服务的办公空间的不同组合关系形成了办公类建筑的完整空间。但是往往在很多设计项目中，仅仅把它当作一个配套空间，内容动线设置都没有充分考虑，这是不正确的。要让这样的空间与真正的办公使用空间产生良好的互动，产生化学效应，产生1+1>2的作用，在这样的考虑之下，建筑平面的土地关系就会发生戏剧性的变化，在建筑的体形上也会产生很大的促进作用。从某个角度上说，服务与被服务空间是我们针对特定的人群对物理空间的再一次归纳和演绎。以杭州某科技园项目共享办公空间的设计为案例，当业主需要在一个大型的裙房内部设置一个以co-working为核心的共享办公孵化空间时，就需要对共享办公空间内的服务与被服务空间进行很好的区分调控。大堂作为公共的演艺路演、会议聚会的场所以采光中庭的形式而存在，四周则形成了由共享办公桌、临时办公桌、共享会议室等以工位形式出租的办公空间。如何让这样的空间通过共享的楼梯、电梯和共享的水吧、户外露台烧烤区一起来组合成一个可以激发人的工作活力，并且交流思想的办公空间是设计的主题（图4-54～图4-57）。

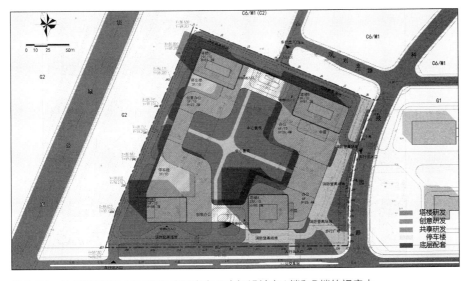

图4-54　杭州某科技园项目的共享研发办公空间设计在A楼和B楼的裙房中

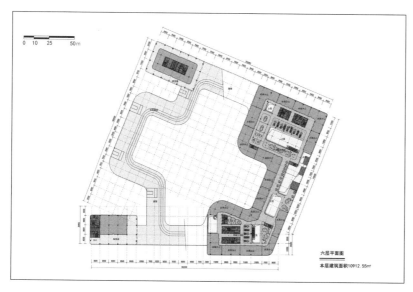

图4-55 以两个共享中庭作为核心,自下而上串联起配套功能、公共空间、共享办公、室外平台等空间板块,围绕中庭打造出活力核,激活co-working共享孵化空间

图4-56 A楼中庭设计为一个公共交流空间,承担发布会/讲堂/论坛等公共交流功能,周围复合阅览、会议等多重功能,形成共享办公空间的交流核心区

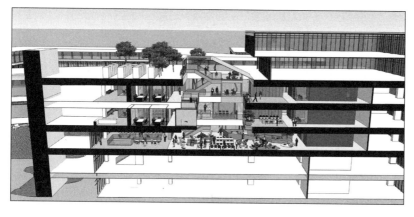

图4-57 D楼中庭设计为一个可变的活动空间,周围复合小型交流空间、会议空间等,形成共享办公空间的活动核心区

三、室内空间外化的建筑形体塑造

特定人群的建筑物理空间，经过有序的设计、前置条件的深化、逻辑的设定，往往会产生具有戏剧性变化的空间组合关系。这些空间组合关系就非常合理地反映在建筑的形体外表以及其表皮的功能设计上。库哈斯设计的西雅图图书馆就能够很好地诠释这样的概念，通过对阅览空间和存储空间的设定，图书馆分成开放式的阅览空间和书架式的内部封闭阅览空间，空间之间是层层连通的坡道以及连续的流动性的服务空间（图4-58～图4-60）。这些空间的设置体现了库哈斯一以贯之的建筑

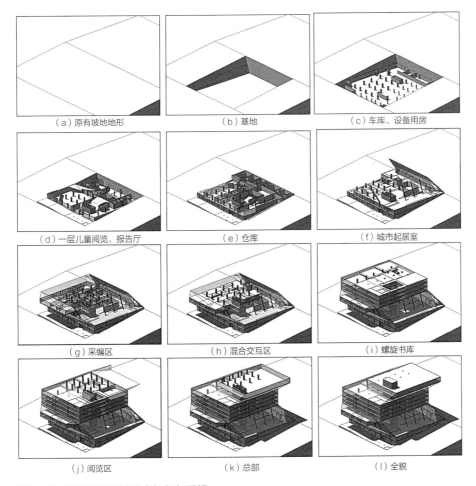

（a）原有坡地地形　　（b）基地　　（c）车库、设备用房

（d）一层儿童阅览、报告厅　　（e）仓库　　（f）城市起居室

（g）采编区　　（h）混合交互区　　（i）螺旋书库

（j）阅览区　　（k）总部　　（l）全貌

图4-58　西雅图图书馆的空间组织逻辑
来源：《图书馆空间的革命——库哈斯的西雅图公共图书馆解析》[1]

---

[1]　高阳. 图书馆空间的革命—库哈斯的西雅图公共图书馆解析[J]. 建筑师，2010（2）：63-69.

城市化的理念，结合城市不同视角和激发城市活力的设计初衷，最终形成了一个建筑形态异常独特的图书馆形体。附一个合理的表皮在形体之外，将阳光引导到室内，使得整个建筑充满了白色建筑的魅力和变异形体的内向表达。通过这样的设计是使室内空间外化的建筑新技术。当然不是每栋建筑都需要用这样夸张的手段，但是有很多的办公建筑也是通过这样的手段将公共空间表达得更空透，并且组合连贯的公共空间与建筑的入口门厅等建筑的公共部分、屋顶部的活动部分以及外部的公共商业空间形成一个完整的动势，由此，建筑就会形成由室外到室内、由公共到公共的交往空间，同时把绿植、阳光等各种手段结合在一起，创造出一个令人振奋的建筑形态。一个个无趣的办公建筑就变得鲜活起来了，关键还是围绕人本需求做出的设计探索的努力。

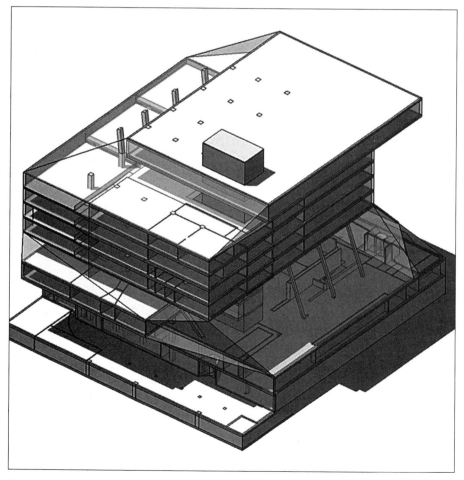

图4-59 西雅图图书馆表皮形式——基于内部空间的形体塑造
来源:《图书馆空间的革命——库哈斯的西雅图公共图书馆解析》

图4-60　西雅图图书馆实景
来源：《图书馆空间的革命——库哈斯的西雅图公共图书馆解析》

第八节　建筑围护理念——统一需求的建筑表皮

一、建筑表皮逻辑的建立

建筑表皮是在建筑外部最能体现建筑品质感和完整度的一种基本手段。可以把它理解成建筑最情绪化、最直白的语言。高标准的建筑表皮也需要建立在各功能、美感、完成度的统一逻辑思维上。当前，随着建筑标准的不断提高，对于建筑外表也有着通风采光，防火排烟，防爆、防冲击、防坠落，绿色节能型的遮阳性、反射度、保温系数以及城市公共型的防眩光、防光污染，城市意志的表达等各方面的需求。如何使以上的舒适度、规范性、公共性、安全性、节能性以及城市公共性达到有效的统一，是建筑表皮逻辑的建立基础。当然不能见招拆招或者头痛医头、脚痛医脚，还需要把所有的因素统一起来考虑，最终达到建筑表皮内外能够统一、看与被看能够统一、舒适度与安全度能够统一，而这种统一最后表达出来的是建筑表皮逻辑的严丝合缝和高完成度之间优异的处理，让建筑的语言变成最简单的现代语汇，表达出时代的前进性。

二、立面设计的控制要素

我们总结出了关于立面设计控制的四阶段和评价体系的六要素。

对于建筑的表皮设计，我们有整体构成感、由内及外的功能性表达、色彩、材质、造价和对标案例组成的评价体系。

首先是整体的构成感。建筑的语汇最终总是表达为建筑整体的构成感，建筑的构成感可以是纵向的、横向的、横纵向的，可以是无边框的或是四方连续的，但是无论如何都要体现出整个立面设计的逻辑。混乱的逻辑或者说无美感的构成，都不能表达完整的建筑构成感，所以这就需要提高建筑师的修为。

建筑立面应当是建筑功能由内及外的自然表达。需要采光的功能空间，如阅览室、办公室、公寓等，立面一定是透光的。需要隔绝自然光的功能空间，如电影院、剧院、展厅等，立面一定是实的。经常有人使用的空间，立面应当有开启扇以满足通风要求。建筑立面有统一的语汇和逻辑，同时也要忠实地反映内部功能，避免过多的虚假装饰。建筑的色彩一定是简洁的。从某个角度来讲，除了一些特殊的建筑，比如儿童建筑或者医疗建筑，或是有特殊性的表达建筑，其他的建筑立面材质和色彩都不会有超过两种以上的元素。这与当下的建筑语汇有很明显的联系。

建筑的材质是建筑最直接的表达，石材、玻璃、金属、砖等各种材料，在最终的表达上总是有一个合理的主题，而这个主题决定了材料的主体性和材料的主要表达。

造价，任何设计师都应该紧紧地抓住造价的问题，但这恰恰是当前中国建筑师最薄弱的地方，因为建筑师无法深入到整个建筑的招采过程当中，在建筑招采过程当中也没有任何的发言权，所以我们更加需要在立面设计的主要控制点上发力，对材料的基本性能和材料的基本价格以及影响材料价格的基本尺寸及各种物理性能参数都有深入的了解，整个设计当中要实施成本估算，以此为警戒线，甚而在局部可以进行逆向成本倒算制（指从成本出发，逆向倒算可采用什么材料的设计控制方法）的设计控制，以此达到更好的建筑完成度。

对标案例的存在，是在各个阶段各个要素上都能借鉴利用的优秀参考。好的对标案例能够提供设计的思路、材料的选择、造价的参考，能够帮助设计者快速构建起立面设计完成后的实际效果，并作出相应选择和调整。

三、立面深化四阶段

立面设计是一个循序渐进的过程。建筑立面设计是最早出现在建筑的概念方案当中，也是最晚呈现在建筑作品当中的一个漫长的探索过程。同时，立面设计也是设计师与业主之间最感性的话题，甚而有可能是千金难买我喜欢。对于业主来说，对建筑的立面，只有喜欢和不喜欢，或者说只有无感和眼前一亮这两种截然不同的认同感。所以，对于立面设计，需要有一个逐渐逼近的过程，也就是我们常说的，整个设计过程当中，一个大写的"M"当中最后的一个高点。与业主沟通需要有良好的沟通方法和沟通的情绪。对此，我们认为，立面设计需经历4个不同的阶段，除了建筑是良好的自身修养以及对美感的追求是无可衡量的以外，剩下的要通过4个阶段，在六大评价体系的基础上不断地与业主进行磨合。在磨合当中，双方逐渐逼近对立面的深化意见以及互相之间的了解，乃至于对造价的控制。而这个不是某一方面具有先行的策略，而是在每一道工序中都要经过这几项关键的控制性原则的磋商，才能达到最终的效果。

以杭州淘宝城三期为例，我们通过以下的工作程序和控制点与业主进行每一轮的沟通，并且形成会议纪要，在这样的一步一步的工作当中才逐渐地建立起了淘宝城三期的立面标准和最后的实施程序（图4-61～图4-70）。

立面深化阶段第一轮工作程序
目标：根据评价体系逐条完成概念立面方案落地原则的梳理。
时间：7天
第一天：讨论会。目标：逐条确定深化原则。
与会人员：设计总监、前期主任建筑师、前期助理建筑师、后期主任建筑师、幕墙总监、幕墙设计师、模型制作师
第二到第六天：制作
建筑制作人：助理建筑师
建筑制作要求：SU建全模
幕墙参与人：幕墙设计师
幕墙参与要求：深化可行性的建议
模型支持：模型制作师
第七天：成果汇报。目标：检验成果。
与会人员：设计总监、前期主任建筑师、前期助理建筑师、后期主任建筑师、幕墙总监、幕墙设计师、模型制作师

图4-61　淘宝城三期立面深化第一阶段工作程序

图4-62 淘宝城三期立面深化第一阶段评价体系

图4-63 淘宝城三期立面深化第一阶段具体过程示例（设计构成的分析及优化）

立面深化阶段第二轮工作程序

目标： 以第一轮已确定原则为基础，继续深化立面，基本确定各个方向立面的做法及各不同材质、不同立面交接的问题。特别需要深化一层、人近距离可视线触及部分、重要构件的立面，增加精细程度，强调空间感受。

时间： 7天

第一天： 讨论会。目标：逐条确定各方向立面做法，一层及重要构件的做法。

与会人员： 设计总监、前期主任建筑师、前期助理建筑师、后期主任建筑师、幕墙总监、幕墙设计师、模型制作师

第二到第六天： 制作

建筑制作人： 助理建筑师

建筑制作要求： SU建全模

幕墙参与人： 幕墙设计师

幕墙参与要求： 深化可行性的建议

模型支持： 模型制作师

第七天： 成果汇报。目标：检验成果。

与会人员： 设计总监、前期主任建筑师、前期助理建筑师、后期主任建筑师、幕墙总监、幕墙设计师、模型制作师

图4-64 淘宝城三期立面深化第二阶段工作程序

图4-65　淘宝城三期立面深化第二阶段评价体系

图4-66　淘宝城三期立面深化第二阶段具体过程示例（酒店由内及外的功能表达的分析及优化）

图4-67　淘宝城三期立面深化第二阶段目标内容

图4-68 淘宝城三期立面深化第二阶段具体过程示例（对连续界面的逻辑进行探究）

图4-69 淘宝城三期立面深化第三阶段工作程序

图4-70 淘宝城三期立面深化第三阶段部品部件深化评价体系

第**5**章

拉通运动的条件输入

第一节　方案设计与方案深化的条件输入

一、方案深化的物业运营思维

依据建筑前策划后评估的理念，建筑设计的重要内容是吻合建筑将来的使用状态和全周期内的良好运营情况，也就是前面所说的建筑"前策划的部分"。策划包含对物业的基本功能要求、周边同类竞品调研、合理的商业平面的落位、招商运营情况预留等各种不同的因素进行优劣势的对比，形成一套完整的建筑全周期商业运营的策划报告，以此作为设计的前置条件展开方案落地之后的方案深化。这些内容在以前的常规做法中，策划公司扮演主要的角色，但是随着社会的发展，专业化分工越来越明确，业主的商业代表策划、设计院的前期方案策划都逐渐在两者之间互相融合，能够形成相对客观又非常有落地性、代表性的策划内容。以萧山城市文化公园为例，本项目总建筑面积28万m^2，其中地上面积8万m^2，地下面积20万m^2。为了地上8万m^2的文化功能用房能够良好地运营，需要以商业作为辅助的利润支撑，所以，在地下部分设计了近11万m^2的商业综合体，与地上8万m^2的文化建筑相辅相成，形成了业态互补又综合开发的文化配套城市综合体，辅以150亩地的绿色立体交互的城市公园功能，加上地铁功能的TOD概念的植入，形成了一座真正的城市综合性的城市文化公园。但是地下11万m^2的商业对设计以及未来的运营、前期的策划都是一个巨大的挑战，深化设计对地下室的商业平面优化、商业业态布局、与地下停车以及地上的文化设施的连通、与公园的各个接口对接等一系列的商业优化设计都进行了大量的优化和修改，为未来文化综合体的良好运营进行了很好的升华。

二、方案深化的空间"再塑造"

建筑设计本身无所谓合理,其合理性一定是有充分的支撑或者说是抓手。所以,建筑全周期当中的运营思维,是建筑方案深化过程当中最好的支撑点,只有进行充分的运营思路探讨,才能够对方案本身在室内空间进行空间的再塑造。萧山城市文化公园在商业的深化过程当中结合项目本身的特性,针对前所未有的大规模的地下商业进行了充分的论证,作了以下几点深化:

1. 商业进入的口部进行了充分的深化

将商业进入的客户分成两种类型:一种是公共的下沉式街区连接核心的圆形下沉广场,形成室外连续的界面,消除地下商业的闭塞感,形成阳光的、连续的、不易被人察觉的下沉式的连续商业街区。另一种是通过有创意的入口设置,将人直接引导到地下商业的主动线。可以是地面上相对正式的商业入口,也可以是公园里面一个圆形的入口、聚会型的下沉式广场,更有可能是地上建筑的某一下沉式的室内空间形成不同的进入地下商业的动线和出入口的关系(图5-1~图5-4)。

2. 重叠式的商业主动线的设计深化

地下商业中的地下二层、地下一层和地面一层的商业如何贯穿,如何引导人在3层的空间里连续地、不受阻碍地合理流动,是商业设计当中面临的最大问题。所

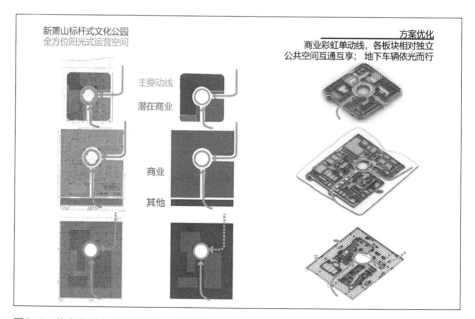

图5-1 萧山文化中心项目概念方案阶段商业入口及流线设计

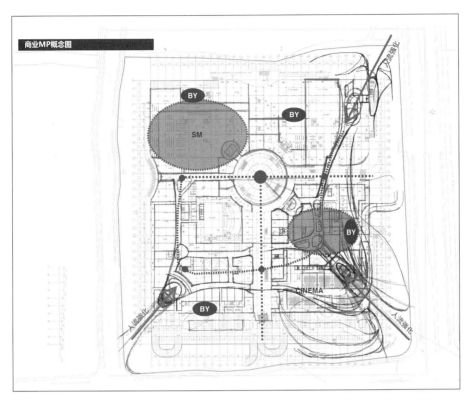

图5-2　萧山文化中心项目对商业入口及商演流线的深化设计，强调"金角银边"，强化角部人流导入，外部的商业入口设计了下沉广场引导人流进入地下商业体，建筑核心区设计了大型中央坡道和中庭，引导建筑内部人流进入

图5-3　萧山文化中心项目外圈的下沉式广场及商业街——阳光商业街入口

图5-4 萧山文化中心项目中央活力环，可直接引导人流进入地下商业空间

以，主要采用以地上一层和地下一层组成连通道互相串联的建筑主动线，形成连接各入口的彩虹动线。地下二层适当地缩小商业面积，但仍然在主要的节点和主动线上与上面两层商业动线有完全的重叠关系。同时，将大面积的独立的个性化的商业，如超市、体育超市、快餐餐饮放置在商业主动线的两端，形成特色的商业街区，作为主动线商业的补充（图5-5～图5-7）。

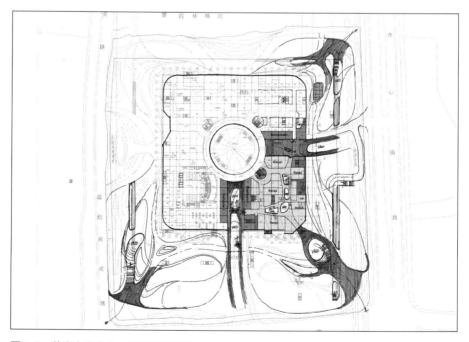

图5-5 萧山文化中心一层商业平面图

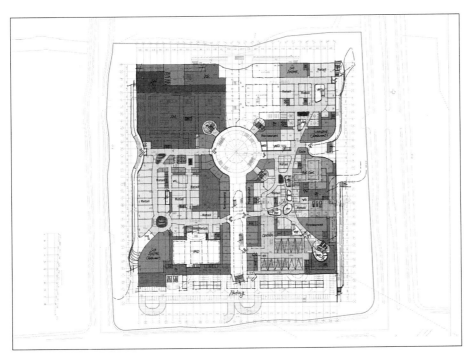

图5-6　萧山文化中心地下一层商业平面图

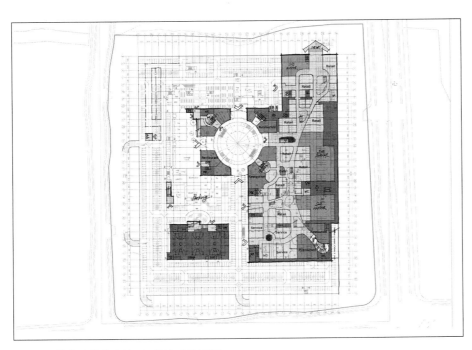

图5-7　萧山文化中心地下二层商业平面图

3. 细致的业态调整

对原有的商业业态的种类、分布面积的大小以及内容的设置进行了充分的论证，由原来分区较为明确的商业改为马赛克式的、相互套嵌式的商业布局。餐饮和零售在每个区域都有合适的比例，由此能够引导商业合理地发展。最后是重新划分地下的商业防火分区、后勤的动线。通过这样的方案深化，对商业的空间布局的合理性、对业态及其可行性、对运营及其可达性都进行了充分的论证，也作了多方案的比较，对原有的商业进行了再一次的提升（图5-8～图5-10）。

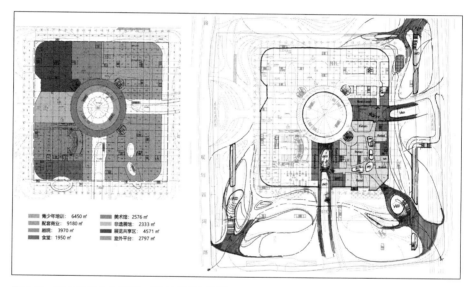

图5-8 萧山文化中心项目一层平面图深化前后

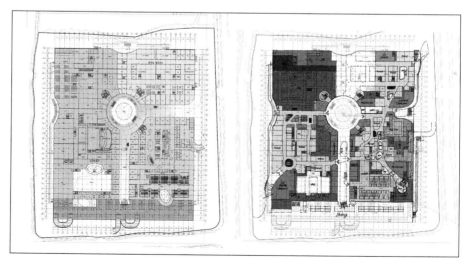

图5-9 萧山文化中心项目地下一层平面图深化前后

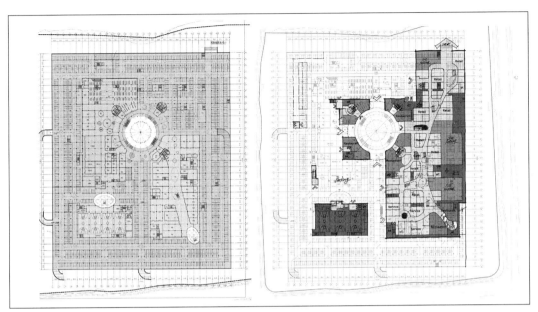

图5-10　萧山文化中心项目地下二层平面图深化前后

商业功能的划分在概念方案阶段是板块式的、大面积的，不同类型商业间泾渭分明，不符合实际的商业需要和形态，在深化过程中将商业板块细分，相互混杂，形成交融活跃、实际可运营的商业模式。

三、方案深化对方案设计的继承与创新

方案深化较之于方案设计，其主要的继承与创新关系有以下几点：首先，是对原有的基本框架在规范下的防火分区划分以及防火分区之间的强制性要求的关系有良好的继承。原有的商业是2000m²的防火分区，同时防火分区之间的通道有一定的开口比例限制，所以在方案深化的过程中，也必须满足这样的要求，在限制的条件下进行方案深化。其次，是对原有方案的顺势而为，主要是结合原有方案的特点，进行进一步的局部深化和细化。对于原有的商业划分，在深入的业态分析之后，进行进一步的细分。萧山文化公园项目的商业内容在业态上就做到了这一点，大体量的商业划分在深化过程当中都进行了进一步的划小划细的工作。由此可以做到商业运营，可以由最小的划分单元来组成商家，在持有物业的运营上就有了极大的灵活性。在商业业态调整的过程中，将小的商业单元结合起来，可形成较大的综合性的独立商家。所有这些，在一开始的方案深化当中都予以预留。同时，后勤的到达也可以以最小化的单元为到达点，大商业集中起来，后勤的通道可以大大地缩小，但是预留从最不利点上也能够达到正常的运营状态。最后是对于原方案不足的地方予以弥补，对于原方案当中许多中央动线的宽度、中庭的尺度、自动扶梯上下的趋

势、强制人流和引导人流的关系都作了进一步的深化研究，为后续PPP公司入场的经济利益再测算提供了极为有利的设计铺垫。

第二节 方案设计与各专业专项的条件输入

一、设计综合对方案设计的作用与反作用

处理不当，会造成项目完成度不足的反噬。随着大量的EPC工程的展开带来的设计总包项目的进行，设计综合对于方案的要求已经是迫在眉睫。很多招投标的文件附件当中的合同附件对设计总包或者设计综合的内容都有了明确的界定。所以，设计综合对现在的项目组织来说，已经是一个不可回避的话题。总体来说，设计综合对方案创作的持续深入、对方案品质的有力把控有非常好的促进作用。踏实的建筑设计师能够全方位地把控建筑设计，从各个专业角度来综合性地考量整个项目的完成度。从合同关系的角度讲，建筑设计师，尤其是项目主师拥有了分包各项专项设计的权力，由此导致设计师可以指挥并且把控各专项设计的工作。但同时对方案设计也有相对的反作用，主要的问题有以下几点：

1. 对建筑设计师的综合素质提出了巨大的挑战

设计师不光要关注建筑设计本身，并且要将建筑设计的语汇和基本的关系融会贯通到幕墙设计、室内设计、景观设计、泛光照明，包括家具设计等各个方面的专项内容当中去。其知识面需要有更大的扩展，对于各专项的设计内容、基本做法、材料特性以及专项互相之间的关联度，都需要有更深入的了解，并且付诸实施。所以，其反作用是当项目主设计师不具备对设计综合当中的各专业专项有方案把控的能力，对专项知识点没有足够的了解程度时，会使项目在整个设计的协调上和项目完成度上大打折扣，进而会导致完成度的降低以及未来使用的缺陷。

2. 项目主师会增添更多的工作量和工作时间

在协调各专项设计的内容当中，原本这些事情都应该是业主通过招采和专家评审来决定专项设计的设计院，并做好专项设计的协调工作。但在设计综合当中，这些事情都由建筑设计的主师来完成。这就会进一步考验设计主师在项目组织、设计协调、专项介入、设计把控以及设置审核等各个环节付出极大的精力来保证整个项

目的设计综合当中各专项有序组织、合理落位、完美呈现。其反作用主要体现在：设计师如果有惰性或者有畏惧心，那么就很难对专业专项有把控能力，甚而不能使业主对其他专业专项的设计感到满意，反而使整个项目设计过程不顺畅，导致时间延迟，各方都做无用功，最后事倍功半。

二、专业专项对方案的继承与深化

专业专项设计从其属性上定义就是从属于建筑设计的专项设计工作。所以，如何对建筑设计方案有相应的继承发扬是专项工作成功与否的前置条件。在设计综合当中比较常规的专业专项设计有幕墙设计、室内设计、景观设计、照明设计和剧院设计、展陈设计等各个子项设计内容。下面对各专项进行简要的叙述：

1. 幕墙设计

幕墙设计与建筑设计是结合最紧密的专业，因为建筑的围护体系就是幕墙体系。一般建筑的完成就意味着幕墙的完成，所以，幕墙设计本身就是建筑设计的一部分。在建筑方案阶段，立面设计必须结合幕墙的特性，对材料体系和相关的节点大样都要有深入的考虑，也正因为是这样，建筑表皮设计是必须要有依据的。

2. 室内设计

室内设计在相当长的一段时间内都是作为独立的设计专业而存在的。但是在当前许多公共建筑当中，与建筑越来越多地形成了一体化的设计语汇，当然在很多商业类的公共建筑方面，建筑的公共部位，包括大堂、电梯厅、走道、卫生间等部位的室内设计风格也与建筑越来越多地融为一体。所以，室内设计慢慢变成了建筑设计向室内延伸的设计语言。在很多时候，室内设计就是建筑师对空间的一次再塑造。所以室内的语言越来越偏向于建筑化、空间化、构成化和流动化。

3. 景观设计

景观设计，常规的考虑，可以作为建筑立面的延伸，同时也是建筑第五立面在地坪系统上面的一次演绎。常规的建筑项目中，往往景观所占的面积并不是太大，许多景观的面积都与建筑的环形通道、登高场地、汽车坡道等一系列的功能性建构空间相融合。往往景观设计受到的限制会更大。严谨、自由是景观设计面临的两大突出的矛盾统一体。

4. 照明设计

照明设计是目前城市的网红式的宣传需求，所以照明设计越来越被城市管理者和各项目的业主所重视。照明设计如何在夜晚对建筑进行再一次勾勒和烘托，在另一个时段体现出建筑的魅力，是需要建筑师和照明设计师共同努力的。另一方面，照明的设备总是对建筑有很大的干扰，或是对外立面的完整度有破坏，或是对室内形成光污染，所以如何让照明设计"见光不见灯"是设计师在建筑设计和幕墙设计阶段就要提前考虑的主要问题。

5. 剧院设计和展陈设计

每个文化类的建筑都会碰到剧院设计和展陈设计文化性的专项设计内容，而剧院设计和展陈设计与文化类建筑的运营又有很深刻的联系。对于这两项设置，建筑设计师要做的是深入地参与设计的过程，对设计的风格有所把控，并且预留好相关的设备接口以及物理空间。

三、专业专项的介入时间和前置控制

设计综合对于设计师的综合能力和把控能力是个很大的挑战。所以，不仅是对于方案设计的把控，更重要的是如何让各专业专项在合适的时间介入，同时有合适的工具、工作的流程以及共同工作的介质来引导各专业专项发挥各自的能力，又有合力交付的目标，是设计综合的主师所要讲求的主要功力。这里有几点是要特别注意的：

1. 专项设计的目标前置

各专业专项在概念方案设计阶段就需要配合建筑设计来完成整个项目的设计工作。一个完整的建筑设计概念方案就必须包含对各专业专项设置的思考和表达。这也就对当前的建筑设计提出了更高的要求。在方案深化阶段，各专项设计就需要配合建筑设计进行全方位的落地性的思考。建筑设计本身的建筑结构专业、机电各专业与各专项专业设计都需要围绕着建筑项目的效果和使用目标进行打造。尤其是重点区域的打造和常规区域的评估，要进行合理化的整体性设计。这个阶段特别关键，因为这个阶段是对建筑进行定性、定标、定量的重点阶段，只有这个阶段整合得深入完善，考虑得全面，才会对后期扩初和施工图阶段有良好的引导作用。如果在方案深化阶段没有协调好这些方方面面的设计工作，最终可能会导致任何一个专项的修改，造成其他各专项专业在扩初和施工图阶段的工作需要一系列的推倒重来或者重大修改，对项目推进、投资概算造成重大的损失。在扩初和施工图阶段，各专业专项会设置"总—分—总"的流程。定好大的原则、前提，各个专业才能够各自进行深化。这个阶段，各自都以作图为主要的工作内容，同时需要定期地举行二维的图纸协同和三维的模型沟通。

2. 专项设计的时间控制

在流程上要对设计的总控表和周控表进行非常翔实的各专业穿插时间节点的设置，并且做到各专业专项目标统一、信息拉通，达到合理交付的目的。在具体的工作当中，各专业专项要学会运用协同软件，在同一个模型当中进行各专业前置的控制性设计。通过模型导出相应的设计交付清单和设计手册来框定各专业的工作范围，预留空间给专业用互提条件以及解决在重点区域如何融合等各项问题。只有等到各专业返齐条件之后，再次进行模型的汇总，基本框定各自的合理区间，才能为各专业专项的有序工作创造一个良好的前置基础条件。

第三节　设计纲要与负面清单的罗列输入

一、设计纲要对于项目的统领性作用

常规的设计院在方案阶段和扩初施工图阶段之间，会由项目主师撰写相应的设计大纲。以前的设计大纲基本上是以文字的形式来描述项目设计所需要注意的问题和相应的设计要求，直观性比较差，是二维图纸时代的产物。目前采用设计纲要来对项目设计进行直观化的描述，拉通各设计专业互相之间的信息。设计纲要是建筑设计的主师带领方案创作团队和相关各专业人员一起研究撰写的设计前置条件（图5-11～图5-13）。主要内容可以分成以下5个部分：

第一部分：系统梳理。由建筑设计专业撰写项目的系统梳理。由建筑专业将项目分解成多个系统，系统内需要存在共性，在后期设计过程当中可以进行深入的讨论。完整地罗列项目信息，一般针对一个项目会有平面落位、立面设计、顶面设计、重点区域的详细设计的要求及建筑使用用途的说明。

第二部分：设计原则和负面清单。建筑及各专业根据不同系统提出负面清单，清单越细越好，问题越多越好，并根据现有的方案提出设计原则，设计原则主要是

图5-11 萧山文化中心项目设计纲要

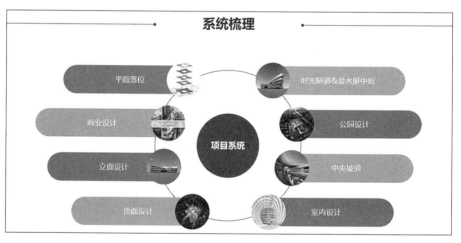

图5-12 萧山文化中心项目系统梳理（1）

图5-13 萧山文化中心项目系统梳理（2）

对量化性的指标要有预估。设计原则是项目的建筑设计的基本存在条件。设计原则是不可以改变的。所以，各专业应该依据这样的设计原则，结合各专业对初步设计的预估，对项目的矛盾点提出多种解决思路和比较方案。特别重要的一点是：不能强调因为某些条件的不满足就不能这样做，而是要强调如果采用了某些手段就可以按照设计原则去做，这是开放性思维和封闭式思维最大的区别。

第三部分：定标。建筑专业对项目及各个系统要有清晰的对标和参考，各专业也需要认可，大家目标一致。当然，各专业在讨论的过程当中，也需要为自己的专业将来要实现的效果和目标找到类似的案例，相似度越高越好，这样，通过对标的寻找可使大家对于未来完成的交付标准具有清晰的认识。

第四部分：定性。定性的目的是结合对标建筑及各专业所列出的负面清单进行系统性的分析，并找到合适的解决方案。解决方案需有对比。定性是在第二部分的负面清单及第三部分的定标之后，最后商定的本项目所必须达到的目标。

第五部分：定量。定量是最终的量化工程，需要严格地遵照前期定标、定性的原则。定量是一个对未来建筑的建造成本和规范之下量化的最大限度的充分估计的过程。举个最简单的例子，当建筑幕墙有弧形的面产生之后，最终的定量会对整体外墙直板、单曲板、双曲板都有充分的定量，为后期进行项目的设计估算提供充分的依据。

二、设计原则和负面清单对于设计工作的拉通作用

设计原则在设计工作当中的拉通作用是显而易见的。每个建筑都有自身的特点以及在预定好特点之下的设计原则，这些原则是建筑个性化的表现和建筑最终体现的效果所在。以萧山城市文化公园为例，在设计原则当中有以下的7个基本原则：

1. 平面原则

本项目由于造型的特殊性，需要打破常规的平面布置方式，对结构的创新性设计有一定的要求，对平面的布置需要更有机，对整体内旋式的流线布置需要有更站得住脚的理由（图5-14）。

2. 立面原则

由于本项目的立面主要由三个特殊设计手段组成，所以要处理好基本的外表皮流线的体量关系，"水平流线""时光隧道""阳光中庭"三者要先统一起来，对建筑结构、幕墙和相关的室内设计、泛光照明都要进行细节上的在线式的深化（图5-15）。

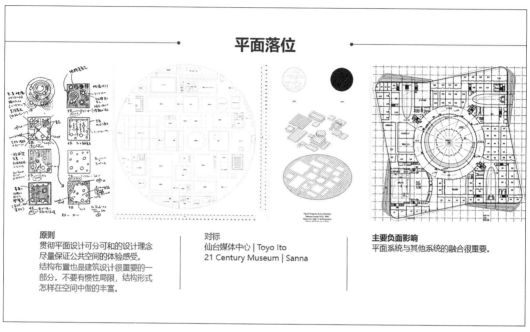

图5-14　萧山文化中心项目平面设计原则、负面清单梳理以及定性定标

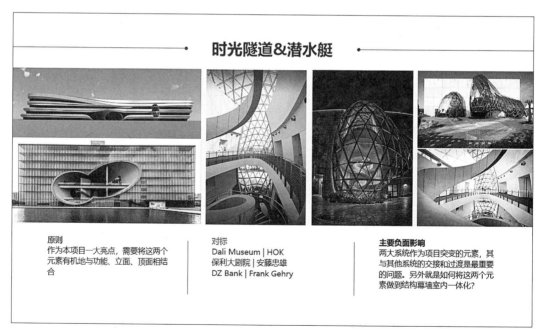

图5-15　萧山文化中心项目时光隧道设计原则、负面清单梳理以及定性定标

图5-16　萧山文化中心项目顶面设计原则、负面清单梳理以及定性定标

3. 顶面原则

萧山城市文化公园项目坐落在萧山蜀山地块的城市公园当中，所以在设计伊始就向政府承诺：占了一块公园用地，通过建筑和景观的设计还给城市一块室外场地。所以，本项目要在屋顶上设计绿化森林、广场活动舞台、极限运动场地等各种景观内容，创造在屋顶上的城市文化公园。由此各设备专业需要对各种设备、出风口以及排烟等屋顶必备的设施进行有组织的集中，避让屋顶的文化设施场地，形成一个整体性的、流动感的第五立面设计。同时，要考虑到油烟井的油烟和大型冷却机房的噪声、水雾等对于屋顶人群活动不利的因素，对人行区域和设备区进行合理的区分以及适当的隔离（图5-16）。

4. 中庭原则

中庭是串联整个项目使之五馆合一的核心区块。本项目的中庭，从地下三层一直到地上五层，采用螺旋坡道的形式，将整体建筑通过人形流线串联，缓缓地从地下直达屋面。中庭一定要有一个明确的主体，而且要结合相应的主题，这个主题一定要结合青少年以及城市文化的内容而确定，只有确定的主题才有所涉及的根源的存在。这就涉及结构如何采用出挑的形式，让螺旋坡道既能够吻合人行的坡度，又能够在中庭四周淡化柱子的存在，消防疏散如何合理地利用建筑的坡道进行室外疏散的规范设计以及各设备专业如何契合坡道，合理地设置排水系统，使之既满足规范要求又能让设备管道不影响人行的活动（图5-17）。

中央坡道

原则
作为本项目的竖向中轴，其设计一定要能汇聚人流，结合建筑造型和功能打造一条从下至上的黄金流线。对于中庭一定要有一个明确的主体，这个主题是结合青少年的。只有主题确定了，才有所涉及根源的存在。里面主体是浮云？中庭是什么？

对标
柏林国会大厦 | Norman Foster
上海天文博物馆 | Ennead
崇明自行车公园 | JDS

主要负面影响
中央坡道除了提供各场馆之间及与地下和屋顶的串联功能，我们也希望把它打造成一个人群交互活动的平台，所以要做有内容，有东西可看，有东西被看。

图5-17 萧山文化中心项目中庭（中央坡道）设计原则、负面清单梳理以及定性定标

5. 商业原则

本项目要打造杭州城区集文创、教育、主题商业于一体的文化综合体示范项目。所以，如何打造近11万 m^2 的公园式地下商业标杆，如何创造文化教育和主题商业深度融合的商业模式，阳光式的公园地下商业街区如何依托地上建筑主题内容扬长避短、差异化定位是本次商业设计的设计原则，这些都需要专业的商业顾问公司、商业深化设计公司、各设备专业、景观设计专业都在一个主题的内容下进行深度的融合。尤其是地下商业，由于防火分区、人员疏散等规范的限制，如何合理地利用和进行消防性能化模拟分析，都是在设计深化之前必须要做好的前期准备工作，这也是围绕设计原则制定的前序内容（图5-18）。

6. 公园原则

本项目坐落于萧山蜀山片区的城市公园之内，景观是建筑的延续，公园需要与建筑串联在一起，形成整个场地丰富的功能。特别是公园的景观设计，需要掌握以下几个原则：首先，公园的绿化如何结合建筑设计的造型，达到相得益彰的效果。其次，公园的硬质道路如何与建筑本身的各个出入口顺畅地衔接，让城市各个方向的人流通过公园沿着最愉悦的景观化的路径慢慢地进入建筑的主入口，形成很好的建筑前序礼仪空间。最后，公园的功能设计要紧紧围绕着萧山城市文化公园这个主

题进行打造，要适合商业主题所圈定的特定人群的活动内容，人物需求结合景观创造更多的室外主题性活动场所。所以，在这个过程当中，还需要注意整个地下室有将近20个地下防火分区的疏散出口和消防电梯，要做到功能性的构筑物和公园的景观设计深度融合，达到景观构筑物消隐的效果（图5-19）。

图5-18　萧山文化中心项目商业设计原则、负面清单梳理以及定性定标

图5-19　萧山文化中心项目公园设计原则、负面清单梳理以及定性定标

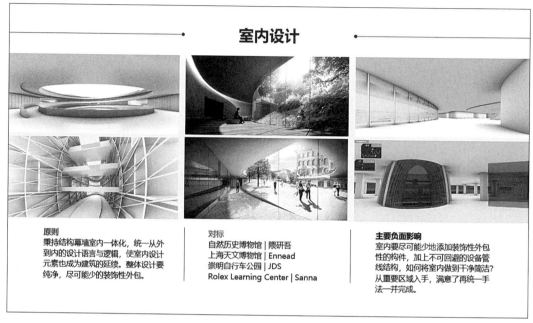

图5-20 萧山文化中心项目室内设计原则、负面清单梳理以及定性定标

7. 室内原则

对于本项目，将会采用绝大部分公共场所精装修的交付标准。同时，室内的原则是：少就是多。要减少室内装饰的外包构件，通过各种手法将室内做到干净、简洁，与建筑简洁的风格相互融合，突出人员的引导性和空间的流动性，创造具有未来感的城市文化空间。从重要的区域入手，讲求大道至简，将建筑和幕墙的构造相结合，幕墙的节点就尽量地利用建筑本身的光影部位，而不是再去附加很多装饰性的构筑物。这就需要室内完全了解建筑的做法，并且与各设备专业在设计的初期就对各设备的管理、设备的出风口，包括消防喷淋设施以及建筑的防火分区都进行深入的沟通。圈定室内设计的范围、基本做法、基本风格等各项的工作内容，为室内和建筑的融合打下很好的基础（图5-20）。

通过以上7点设计原则，统一建筑及各专项设计的设计目标，使得各专业在设计展开之前，对原则进行系统性梳理，定标、定性、定量地分析，深度地交圈，达到目标统一，然后再各自开展工作。

三、设计纲要与负面清单对于总控周控的引导性作用

设计纲要与负面清单对于一项设计任务就像行船与坐标的关系。第一，只有

通过设计纲要、设计原则与负面清单的罗列，形成一系列的节点和节点上所要达成的设计目标，才能编织出一张整个设置流程的坐标图。通过每个坐标点上任务的完成与否以及完成坐标点上的工作各专业所需要达到的明确的目标，才能让整个设计工作的周控表、总控表有相应的内容和时间节点以及交付的标准。所以总控表和周控表的栏目也会依照参与的各个专业和专项，在时间轴上列出共同要达到的目标以及在达到目标之前各专业要准备好的前置条件。第二，项目的进行主要分成两个部分：一部分是内部协同工作的内容，另外一部分是对外沟通协商的过程，两者不可偏废。所以，在每个专业专项的工作中，都会列出其问题的缓急程度以及每个问题需要对内和对外做出的工作清单与工作的缓急程度。通过这样周密细致的工作，才能将最终的设置目标合理地达成。第三，良好的过程决定了最终满意的结果。所以。设计纲要和负面清单就成了项目组对过程进行把控的依据。通过总控表、周控表的完成与否来清晰地认识到过程当中所产生的问题以及问题所导致的最后结果的提前与延缓，这就是我们常说的可追溯、可描述。

第四节　交付标准的控制性手册的条件输入

一、交付标准的要素

上面三节所讲都是设计院在进行自己内部的流程管控和成果标准当中所涉及的工具化的内容。这一节主要讲的是设计院在与业主沟通的过程中所需要提交的控制性手册。针对项目执行过程当中与业主的沟通，交付标准主要有以下内容。

1. 内外时间双轴

将设计院的总控表和周控表做成一个轴线，以明确设计院工作的时间节点，同时提供一份对于业主的控制轴线。明确与业主沟通的次数、沟通的内容、会议的主题，包括与业主共同努力进行的专家评审会各类上会内容以及报审的程序。在工作正式开始之前，对于时间的控制性手册，也就是双轴的时间表格，要与业主进行深入的沟通，并取得与业主的一致性，将其作为将来工作的时间表格。业主也可以依据这样的表格，对自身的工作进行合理的安排和相应的资源整合，用以支持项目。只有甲乙双方在项目的设计过程上达成一致目标，成为一致行动人，项目才有完整实现的可能性（图5-21）。

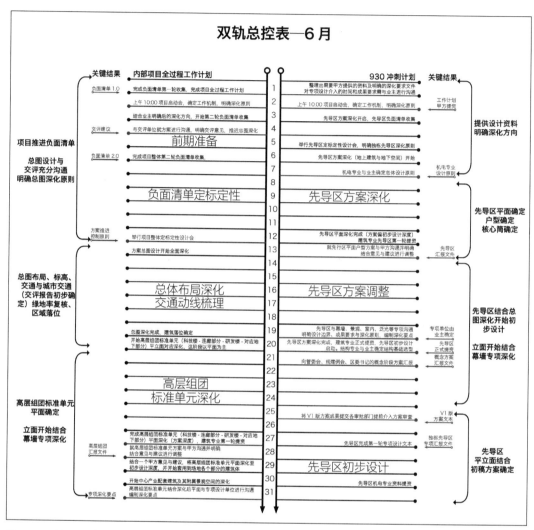

图5-21 杭州某产业园项目双轨图

2. 交付标准的清单

　　每个项目中设计所需要完成的内容以及交付产品的品质标准需要甲乙双方进行进一步的明确。以杭州某产业园区的产品配置标准为例，我们与甲方对于项目中的办公租赁区域、办公公共区域、商业租赁区域、研发楼区域以及高端独栋办公区的产品，都进行了配置标准的详细罗列，包括项目的面积、使用率和单元分割的建议、平面柱网尺寸、建筑层高、楼板承重、机电的配置和采购的标准等一系列产品的标准，对于入户的门厅、窗帘形式、室内上下水、地库门厅等各个内容都设置了各专项交房的交付标准。这些标准作为将来设计深化过程当中本专业所需要完成的前置条件，也为项目的设计清单和负面清单作了很好的上位规定。

杭州某产业园项目交付标准   表5-1

杭州某产业园产品配置标准（V1.0）2020.5			
建造标准分项	科技办公	研发办公	企业独栋
1.1 办公—租赁区域			
单体建筑面积	—	—	单元面积3000~4000m², 可灵活组合
标准层使用率	75%~80%	75%~80%	不低于75%，有附送面积
标准层户型分割建议	详见楼宇分割	整层	整层
柱网尺寸	9m×9m的无柱空间（承重柱贴边设计）	9m×9m的无柱空间（承重柱贴边设计）	9m×9m的无柱空间（承重柱贴边设计）
层高 — 首层高度	4.79m	4.79m	4.5m
层高 — 标准层高度	4.2m	4.2m	4.2m
层高 — 办公区净高H	2.8m	2.8m	2.8m
楼板承重 — 首层	500kg/m²	500kg/m²	500kg/m²
楼板承重 — 标准层	300kg/m²	350kg/m²	300kg/m²
楼板承重 — 可拆卸楼板	沿苏嘉路高区4层配备可拆卸楼板	—	—
交房条件 — 吊顶	无吊顶，结构面交付	无吊顶，结构面交付	无吊顶，结构面交付
交房条件 — 照明	必要普通照明及应急灯具	必要普通照明及应急灯具	必要普通照明及应急灯具
交房条件 — 网络地板	150mm架空地板	150mm架空地板	无
交房条件 — 墙面	腻子批白	腻子批白	腻子批白
办公区入户门	钢化玻璃门 高度不低于2.5m，宽度不低于1.8m，需预留门禁接口	钢化玻璃门 高度不低于2.5m，宽度不低于1.8m，需预留门禁接口	独栋主入口不少于1扇门
窗帘形式	预留安装位置，并提供安装颜色方案	预留安装位置，并提供安装颜色方案	预留安装位置，并提供安装颜色方案
户内上下水	预留下水接口（至少一层两处） 仅考虑整层和二分户型	不预留	不预留
1.2 办公—公共区域			
露台/屋顶花园	考虑部分室外露台/屋顶花园景观设计		不做景观，预留荷载
大堂 — 净高	10~12m（2层挑高）	8~10m（2层挑高）	—
大堂 — 门	旋转门	旋转门	—
大堂 — 吊顶	艺术吊顶/造型天花，配照明灯饰	艺术吊顶/造型天花，配照明灯饰	毛坯交付
大堂 — 地面/墙面	石材或高级地砖	石材或高级地砖	毛坯交付
大堂 — 窗帘	西晒楼宇需安装到位	西晒楼宇需安装到位	—

续表

杭州某产业园产品配置标准（V1.0）2020.5					
建造标准分项			科技办公	研发办公	企业独栋
大堂	功能模块		需做到位：接待查询服务台、公司水牌、闸机、楼宇导视屏、公共休息区含家具软装、WIFI和移动信号覆盖； 其余预留接口，考虑墙插：预留自动售卖机器、雨伞租赁等接口	需做到位：接待查询服务台、公司水牌、闸机、楼宇导视屏、公共休息区含家具软装、WIFI和移动信号覆盖； 其余预留接口，考虑墙插：预留自动售卖机器、雨伞租赁等接口	毛坯交付
标准层走道	净宽		1.8m	不低于1.8m	—
	净高		不低于2.7m	不低于2.7m	不低于2.7m
	装修标准		精装交付	精装交付	—
公共卫生间	装修标准		高级瓷砖墙面、高级防滑地砖地面、优质防水防潮板材吊顶，建议卫生间采用高档品牌洁具（TOTO、科勒等），设置感应水龙头、自动感应烘手机等；成品隔断、小厨宝、全身镜	高级瓷砖墙面、高级防滑地砖地面、优质防水防潮板材吊顶，建议卫生间采用高档品牌洁具（TOTO、科勒等），设置感应水龙头、自动感应烘手机等；成品隔断、小厨宝、全身镜	毛坯交付，上下水接口、排污条件预留到位
	残疾人卫生间		每栋设置1个，一层放置	每栋设置1个，一层放置	—
	清洁间		每层设置1个	每层设置1个	—
茶水间			每层设置1个，高级瓷砖墙面、高级防滑地砖地面、铝扣板吊顶，24小时冷热水	每层设置1个，高级瓷砖墙面、高级防滑地砖地面、铝扣板吊顶，24小时冷热水	毛坯交付
电梯	客梯	品牌标准	OTIS、日立、三菱、迅达等知名进口品牌电梯	OTIS、日立、三菱、迅达等知名进口品牌电梯	OTIS、日立、三菱等知名进口品牌电梯
		单梯荷载	不低于1600kg	不低于1600kg	不低于1600kg
		单梯服务面积	不大于4000m^2/部	不大于4000m^2/部	不大于4000m^2/部
		梯速	2.5m/s	1.75m/s	1.75m/s
		轿厢净高	不低于2.7m	不低于2.7m	不低于2.7m
		轿厢装修标准	考虑精装，不锈钢门套、电梯选型带LCD多媒体显示；带空调，电梯语音报站提示	考虑精装，不锈钢门套、电梯选型带LCD多媒体显示；带空调，电梯语音报站提示	电梯安装到位，轿厢厂家标配，考虑基本装修，明确装修荷载

续表

杭州某产业园产品配置标准（V1.0）2020.5				
建造标准分项			科技办公	研发办公	企业独栋
电梯	货梯（兼消防梯）	品牌标准	OTIS、日立、三菱、迅达等知名进口品牌电梯	OTIS、日立、三菱、迅达等知名进口品牌电梯	OTIS、日立、三菱、迅达等知名进口品牌电梯
		单梯荷载	不低于1600kg	不低于1600kg	不低于1600kg
	梯控系统		货梯考虑刷卡系统，客梯不考虑（地下室/大堂设置道闸和门禁）	货梯考虑刷卡系统，客梯不考虑（地下室/大堂设置道闸和门禁）	货梯考虑刷卡系统，客梯不考虑（地下室电梯厅设置道闸和门禁）
	特殊要求		可考虑专用候梯厅/转换梯设置	可考虑专用候梯厅/转换梯设置	—
	电梯厅装修标准		首层电梯厅地面与墙面延续大堂的装饰材料。标准层电梯厅地面为大理石等石材，墙面为石材或高级乳胶漆，现代高档艺术吊顶、高档灯饰，设本层公司名录；电梯厅设层显、到站灯，标注电梯标号	首层电梯厅地面与墙面延续大堂的装饰材料。标准层电梯厅地面为大理石等石材，墙面为石材或高级乳胶漆，现代高档艺术吊顶、高档灯饰，设本层公司名录；电梯厅设层显、到站灯，标注电梯标号	简装交付（天地墙门）
1.3 设备情况					
暖通	空调形式		VRF，可分户控制（自带计量系统）标准层单方冷量指标：140W/m² （室内加新风）租户区交付界面：室内外机，末端安装到位	VRF，可分户控制（自带计量系统）标准层单方冷量指标：140W/m² （室内加新风）租户区交付界面：室内外机，末端安装到位	VRV，可分户控制（自带计量系统）标准层单方冷量指标：140W/m² （室内加新风）租户区交付界面：室内外机，末端安装到位
	新风系统		有	有	有
	新风量		不小于30m³/人/小时	不小于30m³/人/小时	不小于30m³/人/小时
强电系统	供电电源		两路独立市政高压电源同时供电，互为备用		
	办公区用电负荷密度		100W/m² （使用面积）	100W/m² （使用面积）	100W/m² （使用面积）
	干线设置		公共区照明、动力用电应设置独立供电干线，与租户供电干线分开设置		
	户内交付标准		强电箱到户，至每一间办公租户区内，预留常用回路		
弱电系统	安防系统		各主要位置均设监控系统，并设置巡更系统，安全控制中心24小时运作		
	办公区人行通道闸		大堂设置进口/国产优质闸机（摆闸），地下室电梯厅设门禁		地下室电梯厅预留门禁
	门禁控制		重要设备用房、消控中心、网络机房、物业管理用房、办公楼各层出入口及后勤通道、每家办公租户的入户门处预留		
	无线对讲/电子巡更		无线对讲覆盖，离线式电子巡更系统		
	无线网络覆盖		大堂、电梯轿厢设置无线信号覆盖		

续表

杭州某产业园产品配置标准（V1.0）2020.5			
建造标准分项	科技办公	研发办公	企业独栋
弱电系统 / 户内交付标准	弱电箱到户，为租户提供数据、语音接驳，并提供三家电信运营商接入条件，箱内设备及箱后布线由业主负责		
弱电系统 / 能耗管理系统	采集和记录建筑物的主要能耗数据（公共区域用水、用电等），对建筑物的能耗从多个角度进行统计、对比、分析、评判和预测，实现能耗的分项计量	设置电力分项计量，水暖能耗可选择性配置	—
弱电系统 / 楼宇自控系统	包含冷热源系统、空调系统、新风系统、送排风系统、给水排水系统、电梯等机电设备监控	包含冷热源系统、空调系统、新风系统、送排风系统、给水排水系统、电梯等机电设备监控	—
弱电系统 / 智能照明控制系统	设置	设置	—
弱电系统 / 信息发布系统	首层大堂、电梯厅、电梯轿厢设置	首层大堂、电梯厅、电梯轿厢设置	—
弱电系统 / 背景音乐/应急广播	大堂设置独立背景音乐系统或与火灾应急广播系统共用末端扬声器	大堂设置独立背景音乐系统或与火灾应急广播系统共用末端扬声器	—
弱电系统 / 智慧园区集成管理平台	设置	设置	—
1.4 地下车库			
装修标准 / 天花	顶面涂料，灯具：LED节能灯具（声控灯光管理）		
装修标准 / 墙面	墙面、柱体：防霉涂料+防撞条		
装修标准 / 地面	橘纹环氧地坪漆		
地下室电梯厅	精装修，设置门禁		精装修，设置门禁
车位配比	每100m²地上建筑面积配1个停车位		
地下车库净高度（扣除机电管线）	2.4m（单层）；地下车库货运入口及相应车道净高不低于2.8m		
充电停车位设置	设置适量充电桩，并预留未来增加充电桩的可能		
停车场管理	车辆自动识别、余位显示，交通标识（道路交通标线、交通标志、人行横道线等）、导向标识		
景观氛围	设置公共艺术品，简约、大方，兼具功能性		私密花园，独享露台，舒适商务办公体验

二、作为深化方案的最终成果的指导性意义

作为深化方案的最终成果交付标准的前置条件。首先，这对方案深化过程当中

各专业专项参与的程度以及所需要完成内容的范围有一个明确的界定。其次，交付标准的确定有利于各专业在设计过程中进行定量的选择。例如涉及甲方对于办公空间舒适度的选择，暖通专业的设计就是非常重要的一点。在这样的前置条件下，对办公空间的品质感和使用的舒适度以及体现企业的品质感都有明确的决定，有利于后续的设计展开。再次，交付标准涉及建筑各专业的具体做法以及各专项参与过程中对综合性做法的选择。这对建筑专业的预留量有了明确的界定。例如电梯的轿厢尺寸，在选择好电梯品牌的前置条件下，可以明确地知道电梯轿厢尺寸的最通用的定量标准。这样既可以避免业主单一来源采购的需求也可以避免建筑预留量过大造成的建筑经济技术指标的损失，为业主做出最大的经济性服务。

第五节 业主策略、造价控制、项目要点的条件输入

一、业主策略

许多项目都是常规性的控制，但是这也涉及业主专业与否。有些项目面对的是开发商或专业的运营商，业主的目标非常明确，并且对项目的交付标准以及造价的控制有明确的要求，甚至有集团的项目控制性手册。但是也有些项目的业主是政府部门或者是非专业类开发商的企业总部，并不具备这样的专业物业研究能力。对于这样的业主，就需要设计公司针对业主作产品的进一步明确。这也是设计公司替业主考虑主动担当"代业主方"的设计服务优势。从商业利益的角度讲，这样的工作也是让非专业的业主有机会进行选择题的过程，也是设计院与业主的目标逐渐逼近的过程，可以大大地降低设计院在后续工作当中由于业主的非专业而返工的可能性，提高工作效率。当然，这里有一个相对良好的建议。可以在设计进行之前引进专业的运营商或者是策划机构，对项目本身在方案深化之前进行建筑项目全生命周期的运营模拟和经济测算，由政府的业主方、建造的承包方、物业的运营方三方进行主导部门、建设部门、产业部门三者之间的充分沟通，对项目的商业生态、企业生态、自然生态以及运营的费效比进行精准的测算。有了这样的前置条件，后续的项目设计原则、交付清单以及交付标准都会渐渐地明晰起来，可以大大地有利于设计工作的深入推进。综合而言，只有一栋将来能活着并且活得很好的建筑才是真正有意义的建筑。

以杭州临平新城A5A6地块的设计为例（图5-22～图5-24）。业主为临平新城管委会，目的是做一个临平新城的标志性地标建筑。但是，对于近10万m²的建筑

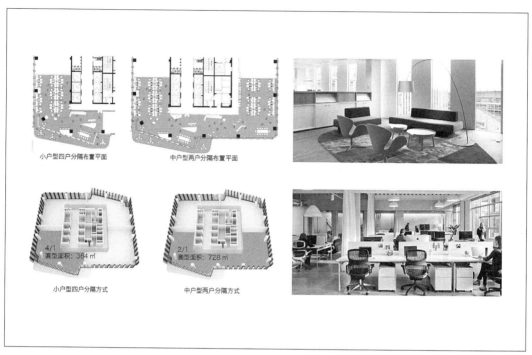

图5-22 临平A5A6地块项目办公产品设计

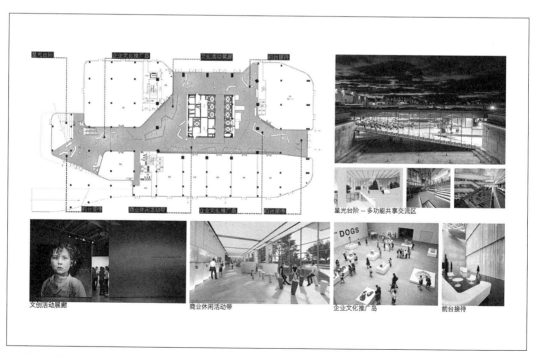

图5-23 临平A5A6地块项目底层商业活力带设计

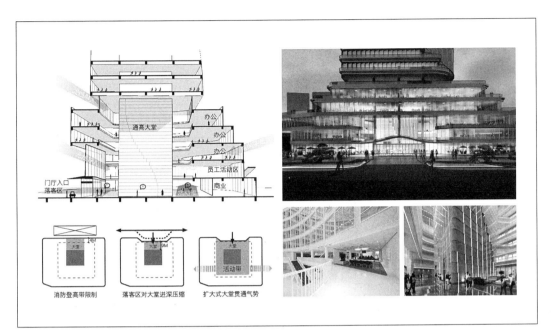

图5-24　临平A5A6地块项目通高大堂及礼仪空间设计

如何使用，业主并没有明确的概念和对未来的运营测算。所以，我们在设计的初始就对整个项目空间的营造、功能的复合、活动的轴线、连廊的模式、物业的划分以及不同层级的商业产品划分和办公产品的划分等诸多前置性问题都依据该项目在临平新城核心区位的优势，进行了翔实的策划和运营的预测。针对城市中央的商业对标准层确立了可分可合的设计原则，使得核心筒的设计与办公空间可以采用整层、对半、四开等不同模式进行单元划分。而底层裙房则以创意型的co-living和co-working与混合商业一起形成了最具活力的城市底部商业街区的设计，并且对底部大堂如何促进本项目的礼仪性和商业性作了重点研究。对通高五层大堂的高端商务感和敞开流动引导性商业空间的共享感等，设置了创新性的设计原则，并且引入了产业运营机构，对本项目全周期性的产品运营以及经济测算形成了初步的框架，有利于业主对设计深化的成果进行比选和最终拍板。

二、造价控制

造价控制在很长一段时间内并不为设计院所重视。有两个原因：第一，常规的设计，其造价影响的因素有限，市场的参考案例也很多，所以并不需要作特殊的造价控制。第二，由于设计院不掌握具体的项目发包过程，也不承担项目超概的经济

西南鸟瞰图

图5-25　临平A5A6地块项目整体效果

责任，对于造价的控制力度会非常弱，所以设计院不做这方面的努力。但是将来对于项目的造价控制将越发成为设计院的核心竞争力之一，尤其是在超常规的项目当中，设计院对设计的优化和对设计整体性的控制力，将决定项目造价是否可控或者可控的范围。

仍然以临平新城A5A6地块的建筑设计为例（图5-25）。建筑师以创造一处令人印象深刻并具有活力的双子楼为设计的目标，建筑采用了螺旋式扭动的100m高塔楼设计，对项目的造价成本控制形成了巨大的挑战。针对这样的建筑形式，设计院采用了如下的设计总控方式：

第一，结构形式的优化。螺旋形的塔楼对结构的柱网关系有很大的冲击。通过对项目的使用空间的预测，建立项目建筑模型，仔细分析整个项目当中柱网的旋转角度，将建筑外围的柱网界定为转与不转两种模式：一部分柱网仍然以直立式为主体，另一部分柱网结合室内的使用空间进行合理有序的转动，形成连续的支撑，有效地减少建筑的非规则柱和斜撑桁架的设置（图5-26）。

第二，建筑立面形体的控制。建筑整体呈90°螺旋式上升，而建筑四周采用圆形倒角的设计方式形成柔和的旋转上升。由此，在建筑的幕墙设计当中，对于如何

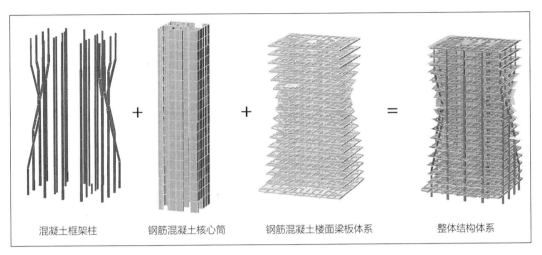

图5-26 临平A5A6地块项目结构体系

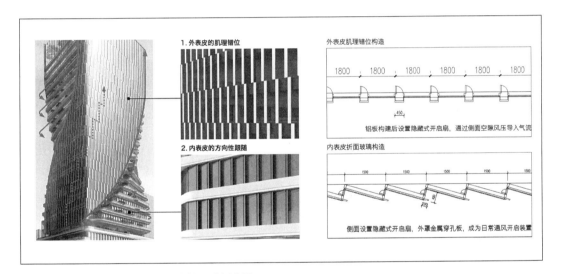

图5-27 临平A5A6地块项目幕墙的两种划分单元

合理控制幕墙的单元划分，有效减少幕墙的玻璃部分，创造流畅的立面肌理，有效地在圆形倒角部分平顺过渡等方面都作了翔实的设计安排（图5-27）。

第三，守正出奇的扭动方式。塔楼主体尽量减少其扭动的趋势，而在底部进行建筑的放脚设计，形成从裙房到塔楼顶部连续的流动状态。裙房可以根据设计的需要自由地旋转扭动，形成层层跌落、层层休闲、户外可达、连续的商业空间，由此采用"低技"的手段，达到了令人振奋的城市活力地标的目的（图5-28）。

第四，在横向水平面的立面体系上，通过阳台的出挑，采用窗墙体系有效地减少了双曲面玻璃的使用。整个建筑在幕墙的选择上，基本采用直立式的玻璃，通过

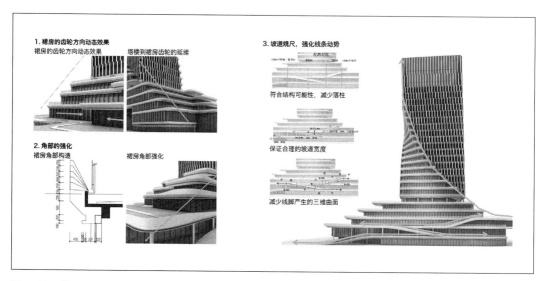

图5-28 临平A5A6地块项目，裙房退台以增强立面扭转的趋势

错拼、锯齿状的折叠使窗墙比例有效降低了。针对扭转建筑，在幕墙体系上，造价风险控制将整栋建筑划分为不同的体系，最终形成完全可控的立面造价体系。

以上四个手段都是针对本项目的特性，在设计控制的源头回归到设计本源来解决造价的问题。也只有通过设计和技术的手段才能有效地控制造价，才能有效地避免施工过程当中低价中标，并在实施过程当中大量减配，使建筑效果大打折扣的恶性后果。

三、项目要点的深化

每个项目都有重点区域，要针对项目的重点区域进行项目的要点深化，只有这样才能让一栋建筑在真正使用或者呈现在世人面前的时候细节耐人寻味，完成度让人满意。所以针对临平新城A5A6地块项目，我们着重对办公大堂的入口、建筑顶部的会所、多层错动的商业裙房、具有韵律感的退台等内容进行了项目重点区域的深化设计。对建筑大堂底部的入口空间门厅、雨篷入口的旋转门、共享的6层挑空大堂及其中间的核心筒与6层裙房之间交错互动的联系等裙房整体性的空间进行了层层的分析，并且进行了深化的设计。在深化的过程中，充分地运用本项目流动的、现代的、螺旋式的设计语汇，将其深深地融入重点区域的设计当中，使得建筑内外上下融为一体。在建筑的顶部创造螺旋上升的高潮点，对于如何打造屋顶活动的会所进行了详细的描述，形成了让人记忆深刻的顶部商业活力空间。商业裙房在本项目当中也是重点设计的区域，因为本项目靠近临平新城的乔司港景观带，针对乔司港优良的自然风光和群众深度参与的活力景观，将这种活力嫁接到本次设计的裙房当中，创造多首层、叠落式的看与被看的商业裙房空间（图5-29）。同时，设置大量的户外坡道，使得裙房空间中商业价值不高的二、三、四层商业很容易通过户外坡道直接到达，创造出具有深度活力的空间（图5-30）。在建筑塔楼的主体，针对立面的精细程度，结合100m的产品系列，

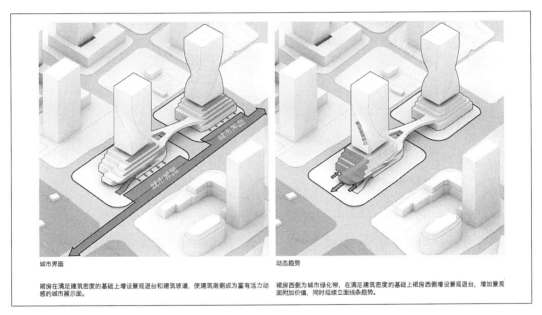

城市界面

裙房在满足建筑密度的基础上增设景观退台和建筑坡道，使建筑南侧成为富有活力动感的城市展示面。

动态趋势

裙房西侧为城市绿化带，在满足建筑密度的基础上裙房西侧增设景观退台，增加景观面附加价值，同时延续立面线条趋势。

图5-29　临平A5A6地块项目裙房退台形态的生成

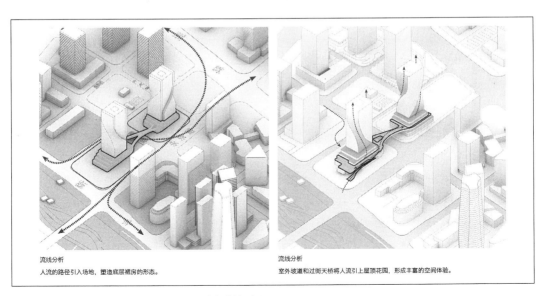

流线分析

人流的路径引入场地，塑造底层裙房的形态。

流线分析

室外坡道和过街天桥将人流引上屋顶花园，形成丰富的空间体验。

图5-30　临平A5A6地块项目裙房坡道对人流的引导

对建筑的外墙进行了开启扇的隐藏式设计，将开启扇结合错动的固定玻璃幕墙和锯齿状的阳台肌理，打造隐藏开启式的窗墙体系，对整个建筑立面的流动性形成了很好的阐述，同时也使得室内通风、排烟具有了多重统一性的幕墙体系（图5-31）。通过以上手段，对整栋建筑的重要节点进行了要点式的深化，为后续扩初和施工图打下了良好的基础。在与业主沟通的过程中，也逐渐地明确了地标性建筑的项目策划、造价控制、立面重要节点把控三者之间良好的贯穿性和统一性。

外表皮肌理错位构造

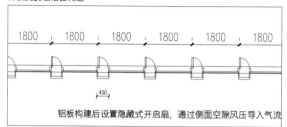

铝板构建后设置隐藏式开启扇，通过侧面空隙风压导入气流

内表皮折面玻璃构造

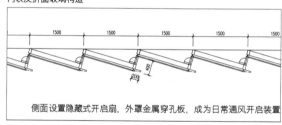

侧面设置隐藏式开启扇，外罩金属穿孔板，成为日常通风开启装置

图5-31 临平A5A6地块项目两种立面形态的设计及开启扇的隐藏

第 **6** 章

合力交付的平台工具和执行过程

　　建筑方案的完整落地，需要多专业的协同工作，空间上拉通共识，时间上理念一致，形成三维立体的合力交付模式。

第一节　方案先导的总控和概念落地

　　方案的完整性和完成度是一切工作的终极目标，因此，所有控制及保障措施均以方案为先导，以保证概念的落地为目标。

一、概念方案的一般性缺陷

　　关于概念方案，通常由于时间紧迫并且较为重视总体效果，因而常常轻视或者战略性地忽略了许多合理性、实施性问题——流畅的线性空间中间是否需要划分防火分区，建筑的大悬挑落实到结构上时技术难度是否过高，效果图上任意一根杆件在近人尺度上的尺寸是否合理等——大到总体造型的合理性，小到细节构造的精致度，都需要在后续设计中一一解决，整体优化才能最终落地并获得良好效果。

二、系统区分+负面清单

　　逐条解决通常不够整体，方案最终会面目全非，而一次性解决确实信息量过大，难度较高。因此，我们采用了系统区分+负面清单的模式来达到方案深化定标、定性、定量的目的。系统区分是将建筑方案目前需要解决的问题区分为多个系统，如总图布局、平面设计、立面设计等，每个系统内包含数个具体的负面条款，在深化时对每个系统逐个击破，这样一来就保证了同一系统内的完整性。同时，各个系统之间需要产生共性，这个共性就是方案的概念、特征，用同一理念应对所有系统，从而保证各个系统间有统一的逻辑关系。以统一的共性串联所有系统，保证方案概念的一以贯之。负面清单是方案深化过程中最核心的工具，既有每个项目通用的普适性清单，也有适用于专门方案的专项清单。负面清单由各专业共同打造，事无巨细，尽数罗列。罗列完成的负面清单归入各个系统中等待解决。随后，建筑专业针对各个系统确定精确的对标案例，该对标案例需要符合设计"共性"，同时也要得到各专业的认可，统一目标，这是定标。结合对标案例，建筑和各专业再针对负面清单进行系统性的分析并找到合适的解决方案，一般要求出具多个解决方案进行对比择优，这是定性。最后，严格遵循前期定标及中期定性，进行定量解决工作，同时回溯"共性"，研判解决方案是否做到了统一概念、统一逻辑。

三、案例

以杭州某产业园项目为例，我们将罗列的负面清单分为总图布局、地库设计、业态布局、平面设计、立面控制、景观/绿地控制、顶面控制、大悬挑连廊八个系统（图6-1）。这八个系统基本包括了项目的几个主要设计点以及重难点。每个系统首先明确本系统的主要原则，这个原则遵循了整体概念的设计，也符合该系统的特征。然后，明确主要矛盾点，这是该系统最根本性、最重要的负面问题。随后每个系统内均具体罗列负面条款，每个负面条款均一一落实到具体专业，有解决思路的也可当场表达解决思路，与其他专业交流，当场判断，当场决定。接下来，建筑专业寻找各系统的对标案例，并与其他专业结合对标系统性地思考解决方案，从而完成概念方案的深化设计（图6-2~图6-5）。

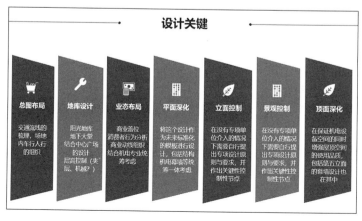

图6-1 杭州某产业园项目的系统梳理

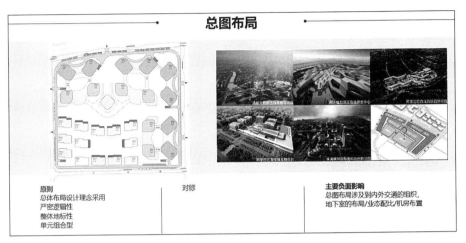

图6-2 杭州某产业园项目总图布局的设计原则及负面清单

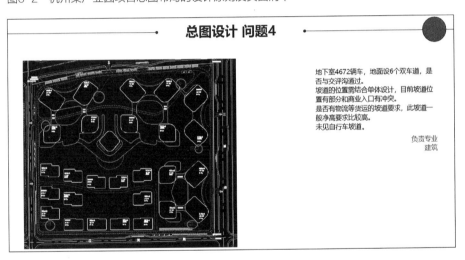

图6-3 杭州某产业园项目总图布局的具体负面条款

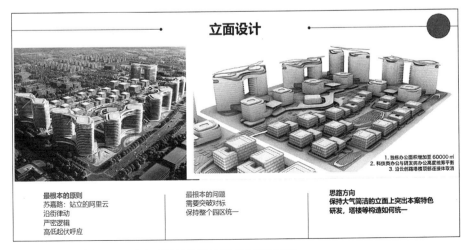

图6-4 杭州某产业园项目立面设计的设计原则及负面清单

图6-5 杭州某产业园项目立面设计的具体负面条款

第二节 产品系的打造和标准的预设

一、产品系的组成

为了提高设计效率、提升建筑完成度，我们总结了数套完整的产品体系，用以在公共建筑、住宅等多种建筑类型中保证设计成果的高完成度，产品系包括了产品原型、产品原型的扩展型、产品系的运用流程、产品系出图制图标准、产品系的更新迭代等。

二、产品系的意义

产品系，不仅仅是一个标准的建筑样本或一个设计模板，而是一整套完整结合了建筑、结构、机电、内装、幕墙等多专业内容的设计成果，拥有统一的设计逻辑与建筑语汇，统一的标准模数和技术标准，有切实可行的落地可能及效果完整性，有容错的空间及更新迭代的能力，适配多种物业类型，有较强的市场竞争力。在不同的项目中，设计团队都可以在产品系的框架下快速进行适配，通过对产品系原型或扩展型进行20%以内的创新修改，高效设计出能够保证完成度的完整作品。由于产品系本身已经经过多轮讨论，与市场现有产品有大量对比，也经过了多专业复核验证，逻辑自洽，专业衔接完善，也经过了多个项目的实践检验和反馈，所以利用产品系设计出来的作品天然具有较高的完整度，其他各专业的设计也较为成熟，落地过程中可以较好地保证与设计初衷一致。

三、高层点式办公产品系

例如针对城市中大量的高层开发类办公产品，我们研发了一套高层点式办公产品系（图6-6）。

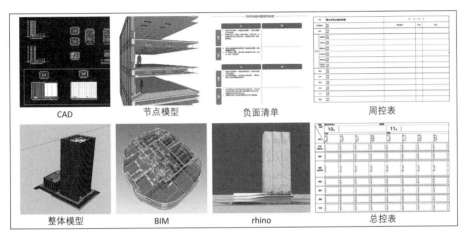

图6-6　高层办公产品系成果构成

1. 平面系统

产品系的平面核心是两套核心筒，我们从过往实践经验中寻找不足，同时对市场上的优秀产品进行了大数据分析及对标案例总结，最后设计了全新的办公产品核心筒。该核心筒交通空间集约、面积经济合理，充分满足了指标的经济性，具有市场竞争力。同时，外圈开门少，电梯厅方正大气，满足建筑的合理性。两套核心筒，经过计算，足以应对50～100m各种高度的高层建筑需求。然后，通过对得房率、柱跨、单台电梯服务面积的函数计算，我们将产品系标准层面积限定为1450～1900m^2，在这个面积段内，高层办公产品的指标表现和空间形态都极具市场竞争力。随后，我们对标准层进行了精细化的结构、机电、内装、幕墙设计，结合负面清单，将实际项目中可能出现的问题在产品系中均进行了解答，例如室内净高控制、机电维修难易度、内装与幕墙的模数关系、板材与玻璃的分缝之间的关系、吊顶窗帘盒与幕墙横档间的关系等。产品系的标准层平面不仅是一张建筑平面图，而是一整套对接施工的全系统设计成果（图6-7～图6-9）。

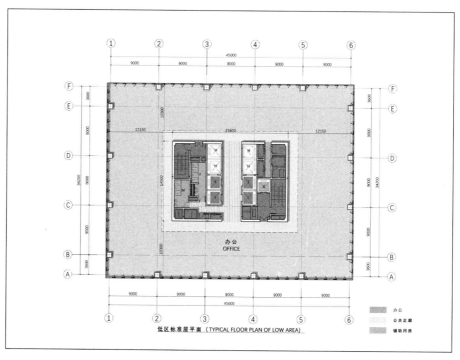

图6-7 高层办公产品系标准平面图一

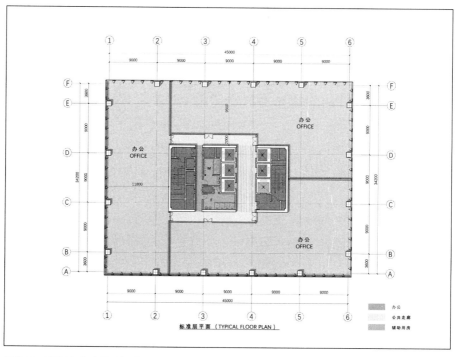

图6-8 高层办公产品系标准平面图二

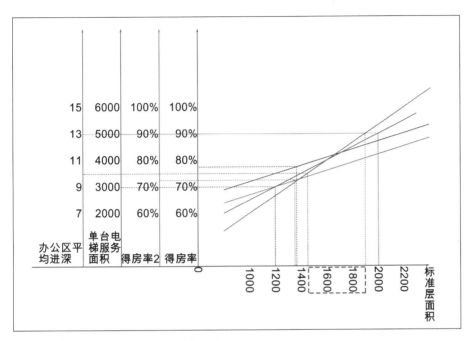

图6-9 高层办公产品系标准平面线性分析

2. 立面系统

我们通过对市场上大量优秀案例的分析，归纳总结出了四套办公产品的立面风格原型：竖向线条、横向线条、纯净体块及格构立面。在产品系的统一平面下，探究了四种风格立面的可行性。每种立面风格均采用了600+1200（1800）模数，确保了与结构及室内模数的统一；每种立面均包含开启扇以满足自然通风的需求；每种立面均经过幕墙专业的造价审核，确保不脱离市场对幕墙造价的可接受度。最终探究得到了四种立面基本型的落实方法，证明产品系的原型可以满足市场对建筑立面的多样化需求，立面造型的20%的创新可以在统一模数下变化出多样化的魅力（图6-10）。

竖向（幕墙）　　　纯净（幕墙）　　　横向（幕墙/窗墙）　　　格构（幕墙/窗墙）

图6-10 高层办公产品系立面类型

3. 结构、机电、幕墙、内装系统

在产品系中，结构与机电设计不再止步于传统的平面图纸，而是利用BIM系统以及其他建模技术进行三维立体综合设计。我们建立了详细的模型，精确到每一根管线的尺寸及其在空间中的位置，需要进行转换或避让的位置在模型中一目了然。同样，幕墙与内装设计也不再是孤立的专业设计，我们用模型将所有专业的设计成果整合起来，细化到幕墙和内装的每一层构造、每一个节点，确保建模即建筑，所见即所得。最终的产品系成果中，所有系统完整统一，无冲突（图6-11）。

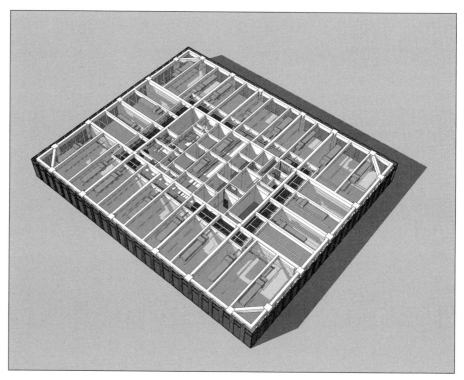

图6-11　高层办公产品系标准层全专业三维模型

4. 出图标准

产品系除了设计成果，也包含完整的表达标准设定。对不同阶段的出图精度及表达方式，设定了全套标准及出图范式，包括配色、线型、比例、图幅等，使产品系的运用从设计到呈现均有例可循。例如对于方案设计阶段的技术图纸表达，可参考图6-12进行配色、深度、线型表现。

到了方案深化阶段，对图纸深度的要求提高，图面表达重点有所变化，可参考图6-13进行表达。

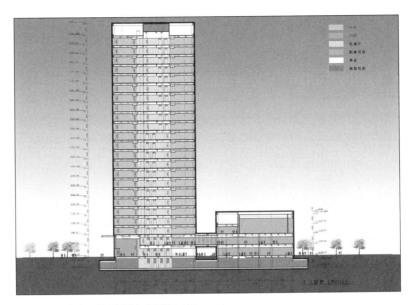

图6-12　方案设计阶段技术图纸示例

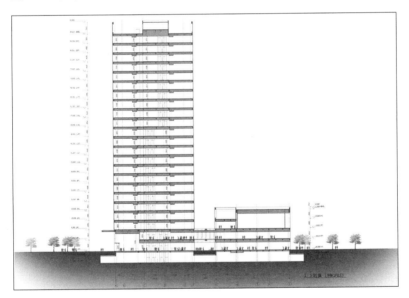

图6-13　方案深化阶段技术图纸示例

第三节　各阶段对于产品合力交付的目标设定

　　产品系在设计中的运用贯穿设计全过程，它不仅仅是在方案设计初期一个"套上用用"的模型，而是在全过程中都与设计产生联系的合力交付目标。实际项目的需求与产品系的设计条件存在区别时，设计团队要合力利用产品系的设计逻辑进行自洽，达到高完成度的设计目标。

一、方案阶段的合力交付目标

以悦萱堂为例，在方案阶段，体块强排就采用了产品系的高层产品体块，使后期设计可以迅速适配产品系。根据业主需求确定了建筑的体块构成后，根据项目特点，遵循产品系的立面模数进行20%的创新设计，体现设计理念；裙房与主楼在立面上脱离，主楼可以充分利用到产品系已经验证过的合理性及落地性。在平面设计上，根据业主的需要对裙房进行了定制化设计，保持了主楼产品系的完整度。最终的设计呈现也采用了产品系的预设标准，高效且表达效果好。

二、扩初阶段的合力交付目标

扩初阶段，各专业直接利用了产品系的研究成果，大大提高了扩初设计阶段的效率和设计完整度。根据项目特性进行了部分修改，在细化修改的过程中，设计团队发现了产品系的部分局限性和不合理之处，再次运用产品系的设计逻辑进行应对，这部分修改反馈到产品系中，促进了产品系的更新换代，新的产品系具有更高的普适性和合理性。

三、施工图阶段的合力交付目标

施工图阶段，在产品系自身具有较高落地性的情况下，施工图设计的深化过程变得高效且轻松。产品系设计过程中建立的模型与其他专业论证过的技术问题在这个阶段给设计提供了极大的助力，节约了大量专业间的沟通协调成本，降低了多次修改导致的设计完整度降低——产品系本身已经整合完多专业、多系统。施工图设计的细化过程也进一步论证了产品系的落地性，对细节的深化设计持续反哺产品系，完善产品系构成。

第四节　总控计划表、周控计划表的设定

一、设计中的速度/进度控制

设计推进除了保证质量外，也要保证速度，产品系提高了设计的效率，使设计

师在有限的时间内能够提供更高质量的设计作品。在限定的时间内，我们通过总控
表和周控表进行严格的时间控制以及合力交付。

二、总控计划表的设定

　　总控表在每次设计的一开始就根据总周期进行总体设定，是设计周期的总体把
控工具，以周为最小单位，以整个设计周期为总跨度（时间通常横跨数月），主要
构成为时间及关键结果。在总控表中，需要设定每月、每周的关键目标，每周的关
键目标还要细分到各个专业，所有专业都可以根据总控表合理安排本专业的设计计
划。以萧山文化中心的初步设计总控表为例，初步设计为期两个月（10月至11月），
首先在中期设定了向业主进行一轮汇报的时间节点，根据节点将初步设计的工作内
容分为两个阶段：10月的第一阶段深化的主要内容是负面清单筛查、明确对标和
意向、研究优化方向等；11月的第二阶段主要内容是各专业的深化设计、制图等。
每一阶段的设计内容又分为四周，每周设定总体目标，例如10月第一周的关键结果
应为"建筑专业深化设计，明确设计纲要并初步解决第一轮负面清单问题"，这个
结果细化到各个专业，要求除建筑外所有专业消化设计方案、提出本专业的负面清
单，而建筑专业要制定设计纲要、提出建筑专业负面清单并进行初步深化设计。各
专业提出的负面清单会反馈到下一周建筑专业的关键结果中，建筑专业的关键结果
需要建立在其他专业的设计成果之上，从而完成专业间的交互。各专业严格遵循总
控表的时间安排，可以顺利推进设计（图2-28）。

三、周控计划表的设定

　　周控表是对总控表的细化，以周为单位，通常在每周工作的一开始，根据总
控表中本周的关键结果以及上一周各专业的关键结果完成情况按需进行设定。相
比总控表，周控表对建筑专业的关键结果进行了进一步细化，细分到总图、平面、
覆盖、立面、模型、效果及汇报六大体系。各专业的关键结果不再是总控表中的概
括性总结，而是逐条罗列——这都与我们例行的负面清单和设计纲要相结合。周
控表还增加了评估与结论的部分，对本周的工作内容进行分析总结及结果评估，
本周工作的完成质量一目了然，方便周会上的设计复盘以及下周的工作计划制定
（图2-29）。

总控表

项目 时间 专业	萧山文化中心 10月 评估				11月 评估			
	第一周	第二周	第三周	第四周	第一周	第二周	第三周	第四周
建筑(总负责)	1. 建筑专业深化设计，明确设计纲要并进行第一轮负面清单梳查 2. 建筑平面及立面有初步方案，并提供初步设计资料 3. 各专项专业结合现有资料，寻找对标，提供专业自身的负面清单				1. 向申方进行方案汇报 2. 商业平面及立面优化完成，并可落地 3. 各专项专业结合明确对标，基本完成概念方案设计并向设计院进行汇报 4. 完成初步设计审查			

图2-28 新总控计划表示意（萧山文化中心项目方案深化阶段）

项目		评估	任务	结论
本周目标	关键结果	√	与业主明确深化设计关键原则	已定节能、立面、屋顶加建、进度等问题
		√	完成项目控制规划	已完成总控周控表、进度表和负面清单编制
		√	基本确定立面方案	业主已基本认可
		√	复核体系化产品在本项目的适应性	已复核净高和空调设施
		√	平面方案初步梳理	/
总体控制	关键结果	√	负面清单编制	/
		√	总控及周控表编制	/
		√	后续深化待提资及设计原则发业主回复确认	/
		√	立面方案汇报	/
		√	进度控制条编制	/
建筑	总图体系	关键结果	/	/	/
	平面体系	关键结果	√	地下室设计原则及方案初排	CAD初步完成,待周二讨论定稿
			√	地上设计原则及方案初排	CAD初步完成,待周二讨论定稿
			√	编制装配式专项报告,完成造价对比	报告已发业主
			√	2000人报告厅疏散梳理——已调整	CAD初步完成
			√	复核体系化产品的净高和空调设施	无影响
			√	下面四层层高调整为5.4+4.8+4.8+4.5	业主同意
			√	门厅中柱的处理方案——镜面材料包覆	
			√	门厅及4F架空区方案——玻璃与竖铤分离	
	覆盖体系	关键结果	√	塔楼屋顶原则——3F加建,预留500覆土荷载	
			√	裙房屋面原则——设备集中,留出屋顶花园	
	立面体系	关键结果	√	调整建筑层高及总高	业主同意
			√	立面方案及造价对比	业主同意
			√	裙房玻璃幕墙由曲改直	业主同意
			√	闭合上轮汇报业主意见	业主同意
			√	裙房穿孔金属板出挑幕墙方案	土建出挑,内排水
			√	东侧对本项目立面设计影响	60%窗墙体系,0.16反射的玻璃
			√	幕墙顶部设施	蜘蛛人
	模型体系	关键结果	√	按照层高重新梳理立面模型	
			√	重新梳理裙房屋顶造型	
	效果及汇报体系	关键结果	√	立面方案汇报	基本确定立面方案
			√	设计原则汇报	
结构		关键结果	√	编制装配式专项报告	
			√	3F出挑区的结构方案——悬挑适当内缩	
			√	裙房与塔楼设缝	
室内		关键结果	/	/	/
幕墙		关键结果	/	/	/
设备		关键结果	√	明确油烟井排放形式	西南角集中出裙房
			√	复核体系化设备对净高影响	无影响
泛光		关键结果	/	/	/
景观		关键结果	/	/	/
智能化		关键结果	/	/	/

表头:悦萱堂总部周控表(第一周) 2020/3/23~2020/04/29

备注:
1、加粗字体为关键存档文件,请各专业自行整理,统一由建筑汇总。
2、红色字体为延迟未完项,需要紧急处理
3、蓝色字体为受业主进度影响而顺延项

签字	经营	建筑	结构	暖通	给排水	电气
	室内	幕墙	泛光	景观	智能化	

图2-29　新周控计划表示意(悦萱堂项目方案深化阶段)

第五节 专项设计及设计总包组织

一、建筑与建筑专项设计的合力交付

闻道有先后，术业有专攻，建筑项目的设计从来不是建筑一个专业可以完成的任务，更要依靠其他多个专业的专项设计相互配合。建筑平面设计需要结合结构、机电的专业要求，立面设计离不开幕墙专业的技术支持，建筑整体氛围的打造也与内装、泛光、景观专业息息相关。建筑专业作为建筑项目设计的龙头专业，要做好多专业协调，统筹组织总包及分包设计工作。建筑要明确各专业的设计目标和设计原则，定性、定标、定量，形成设计纲要提供给各专业，其他专业根据设计纲要提供技术支持反馈给建筑，最后建筑设计团队要消化专项设计，整合到方案中，最终与各专业形成良好配合，完成合力交付。

二、案例——淘宝城三期的幕墙立面设计

以淘宝城三期项目中立面深化设计阶段与幕墙专业专项设计的配合为例。在立面深化设计上，我们建立了六大要素构成的评价体系：①设计构成；②由内及外的功能性表达；③色彩；④材料；⑤建造成本；⑥对标案例。这套评价体系保证了立面深化过程中不偏离设计概念，进行复合式的立面深化。

1. 立面深化第一阶段

在立面深化的第一阶段，需要以概念方案为依据，按照业主的要求，结合使用需求，根据评价体系逐条完成概念立面方案落地原则的梳理。这个阶段的要点是：

（1）保证风格与概念方案的高度一致性。

（2）保证风格一致性的基础上强调落地性。

（3）确定设计原则适用于整个立面深化过程。

（4）本阶段以确定设计原则为主要工作，故不要求模型面面俱到，但需完成能够表现设计原则的主要立面深化。

这个阶段的主要工作是确定设计原则，敲定整体深化方向。我们分析了项目的整体立面理念——强调体块的穿插，以横向元素为主，辅以折面元素。商业、酒店、住宅三个功能组团用这个设计理念一以贯之，区别在于不同功能组团的氛围不同：商业强调活跃、热闹、装饰感强烈，酒店强调纯粹与时尚，住宅组团则尽量

稳重、自然。在这个原则的基础上，我们利用简单的"加减"手法，强调理念，增强趋势，减少多余构件，对立面进行优化。根据平面，将功能在立面上如实反映出来，包括梁、板、柱、墙等采光、通风、节能等功能要求的必备构件以及立面开口、阳台女儿墙等外围构件。客房考虑到观景功能，确定玻璃尺寸、开窗，将龙骨构架等都如实反映在立面上。所有构件都如实表达后，再寻找功能表现与造价、设计等的平衡点：

（1）根据内部构造确定尺寸模数（如根据开间尺寸、柱距等确定窗宽，根据梁板及节能规范确定窗高）；

（2）结合整体构成设计百叶、雨篷、入口等；

（3）借助必要开口、外围加强整体趋势；

（4）必要时根据外立面设计的需要对平面进行调整，设置出挑进退，修改门窗洞口及墙体位置，增加构件。

根据周边环境和建筑组团本身的属性，确定建筑的颜色基调。淘宝城整体以白色为基调，辅以标志色。商业热闹、有活力，增加暖色调，同时以彩色及广告增加商业氛围；酒店纯粹、时尚，以玻璃面为主；住宅宁静、亲切、重品质，以白色实墙为主。三者都融入了橙色，以增强淘宝城的标志性且增加活力元素。材料可体现设计效果，也可根据建筑组团本身的属性确定材料属性，同时兼顾成本造价。例如商业以银白色打孔板和折面玻璃为主，辅以重点视角的广告，强调商业建筑的装饰感和展示性，并在入口处增加彩釉玻璃的多色组合，渲染入口处的商业氛围。酒店以大面积的折面玻璃和白色铝板为主，搭配橙色的雨篷及银白色立柱，整体光泽度饱满，呈现出纯净时尚的气质。住宅以白色质感的涂料为主，呈现出亲切自然的气质，底部则以石材为主，以材质的细腻强调近身体验的品质感，局部增加橙色元素，将淘宝城的特色活力融入整体（图6-14～图6-17）。

2. 立面深化第二阶段

在立面深化的第二阶段，要以第一轮已确定的原则为基础，结合业主意见，继续深化立面，基本确定各个方向立面的做法及各不同材质、不同立面交接的问题。特别需要深化一层、人近距离视线触及部分、重要构件的立面，增加精细程度，强调空间感受。这个阶段的要点是：

（1）保证风格与概念方案的高度一致性。

（2）保证风格一致性的基础上深化落地性。

（3）运用第一阶段确定的设计原则全面深化立面。

（4）立面精细度提高，强调人的感受。

图6-14 淘宝城三期园区原立面设计

图6-15 第一轮修改后的淘宝城三期商业立面

图6-16　第一轮修改后的淘宝城三期酒店立面

图6-17　第一轮修改后的淘宝
城三期住宅立面

（5）本阶段必须建全模。

在这个阶段中，我们着重对转折面、构件等细节进行了优化。例如针对住宅，原方案侧面山墙框被打断，角部构造走势不明确，交接不明。横向线条被竖向白色墙体打断，横向趋势不明确，侧面山墙横向挑板元素过于强烈。为了进一步加强横向趋势，我们将角部线脚连贯转折，形成L形框，使整体框的趋势更为明确。白色横向装饰线条拉通，所截处白色竖向墙体颜色改为与百叶相同的颜色，使横向趋势更为明确，侧面山墙横向挑板缩短，更为内敛。例如针对入口处的雨篷，我们以白色作为雨篷外侧，橙色作为雨篷底面，既呼应整体的横向趋势，又通过鲜艳的个性色强调雨篷底下入口及店铺的精彩内容，增加吸引力，而银白色的柱子通过折面反射出来的光泽更提升了酒店时尚的气质，必须存在且会破坏整体构成的转换梁使用深灰色，以通过深色的内退心理弱化此处视觉构成（图6-18、图6-19）。

修改前

修改后

图6-18 淘宝城三期第二轮立面优化前后住宅角部的设计

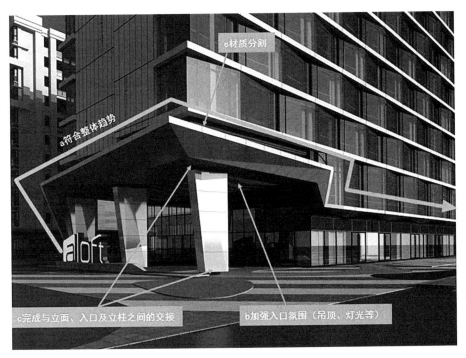

图6-19　淘宝城三期第二轮立面优化中的雨篷设计

3. 立面深化第三阶段

立面深化的第三阶段，即施工图阶段，以前两个阶段为基础，强调部品部件的深化，对建筑属性及功能的反馈，对实际构造的剖析，与其他专业的交接面。

（1）保证风格与概念方案的高度一致性。

（2）兼顾部品部件的实用性、经济性。

（3）强调各部品部件间的交接处理。

（4）立面精细度提高，强调人的感受。

（5）本阶段必须建全模。

4. 立面深化第四阶段

立面深化的第四阶段，是施工图后期及各专业审核阶段，这个阶段的最终成果即为幕墙图纸与多专业后期图纸的完整闭合。

（1）保证风格与概念方案的高度一致性。

（2）保证各专业图纸质量。

（3）保证效果达到第一至第四阶段确定的水平。

（4）保证各专业间的协调性，避免错误，完美闭合。

第六节 合力交付的人员组织

一、合力交付的人员组成

　　建筑项目的顺利推进离不开对设计团队人员的合理组织和安排，在我们的设计团队中，人员被分为三种角色：方案主创、方案组长（经理）、方案成员。一个项目的设计团队中，方案主创为一人，是总领全盘的总控人，负责整体方案的概念设计，包括设计逻辑，设计目标与理念，设计生成，文本故事线以及不同层次的具体设计表达，并在方案执行后对效果进行复核验收。方案组长（经理）为一人，是承上启下的过渡者：对上，组长需要充分了解、消化方案主创的设计表达，厘清标书或任务书的方案要求；对下，组长要安排及推进方案成员的执行工作，对成员的工作成果进行复核、收集，要负责指标数据的总体把控，最重要的是，保证各个阶段成果及文件的拉通。方案成员有若干人，是设计的具体执行人，要分别负责模型效果、文本制作、多媒体/动画/效果图等（图6-20）。

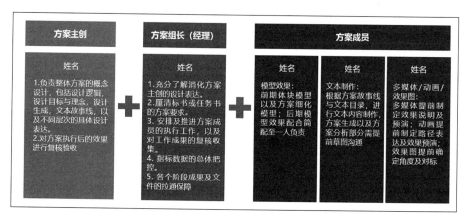

图6-20　项目人员组成及职责

二、合力交付的人员任务组织

　　在我们制定的方案拉通手册中，对方案设计每个阶段每一步中的各个角色需要承担的责任和完成的任务都进行了明确要求，以概念方案设计的推进过程为例。

1. 前期设计条件和基本设计逻辑阶段

　　在前期设计条件和基本设计逻辑阶段，方案主创需要以草图表达主要的整体方案设计概念，包括周边环境、设计逻辑、生成关系、建筑组团关系等，并对体块方案进行复核调整。方案组长的任务是更新上传草图与反馈方案，同时理解、吃透方案草图，把控体块的初步排布，进行指标初步核算。方案成员理解、吃透方案草图，进行体块的初步排布。三者合力，拉通合作，完成方案体块阶段的概念设计。

2. 方案对标阶段

在方案对标阶段，方案主创主要负责对标案例收集，对集合成库的对标案例进行筛选；方案组长需要收集对标案例，集合成库，共享团队，实时更新，筛选后集合成图；方案成员则需要完成对标案例收集，上传入库筛选后集合成图的任务。

3. 方案逻辑与故事线梳理阶段

在方案逻辑与故事线梳理阶段，方案主创要罗列方案，汇报整体思路与顺序、设计目标与理念内容，为设计生成图作概括说明，方案生成部分以草图形式表达；方案组长负责更新上传主创草图，同时理解、吃透方案主创设计逻辑以及故事线内容表达，构思成图表现并与文本成员讨论；方案成员要理解、吃透方案主创设计逻辑以及故事线内容表达，文本制作的方案成员构思成图表现并与方案组长讨论。

4. 工作量推进计划的制定阶段

在工作量推进计划的制定阶段，方案主创要对文本细化目录进行复核调整；方案组长根据方案逻辑和故事线，对文本以及图纸进行细化罗列，并量化至每人的工作中；方案成员对各自负责的文本/图纸内容提前进行草图构思，并与方案组长讨论。

第七节 设计的脉动式、贯穿式的品控

一、设计的品控过程，是一个脉动式、贯穿式的过程

设计的品控过程，是一个在落地性和艺术性之间反复调整优化、不断循环探索的过程。落地性，包括技术难度、方案可实施性、经济性、实用性、规范性等；艺

术性则包括概念性、表现力、美学等。建筑师追求设计对概念的最大化，满足艺术与审美，也追求建筑落地后的可靠、实用，满足实际功能。艺术性和落地性是两条贯穿设计始末的设计逻辑，设计优化就是在这两条主轴上不断循环，重复讨论，从整体造型到细节处理，从大面走向到板材拼缝，进行一轮又一轮不断的深化设计，这一过程，就是设计的脉动式、贯穿式的品控过程。

二、案例——衢州双中心的立面及造型品控过程

以衢州双中心项目的幕墙设计为例。这个项目的概念设计是写意山水，提炼衢州当地特色，以流畅、灵动的立面线条隐喻山水，塑造文化中心的形象。在概念设计阶段，我们从衢州的江郎山和南孔圣地中汲取了曲线元素，用高低起伏的造型和流畅的曲线打造灵动的建筑立面。在优化设计的过程中，我们在立面的灵动流畅和幕墙的实用、成本之间进行了大量反复探讨。

1. 整体造型优化

在整体造型的优化上，概念方案中，我们设计的建筑最高点为37m。在方案优化过程中，为了突出立面向上的趋势，我们在控规范围内将建筑最高点拔高到了58m。但随后考虑到室内效果，大堂空间的过度高耸并不会给人良好的视觉体验，并且过高的造型会造成幕墙造价的无谓升高，我们又将建筑最高点下调，同时为了保持概念方案中对山水元素的呼应，大剧院和图书馆建筑的最高点也要同时下调。但大剧院本身的专业属性要求大剧院的土建结构必须保证主舞台上充足的建筑高度用以安装景片、幕布、设备等。于是我们通过不断调整后的多方案对比，在保证剧院建筑必需的建筑高度后求得了最佳的建筑幕墙高度——53m和43.75m（图6-21～图6-23）。

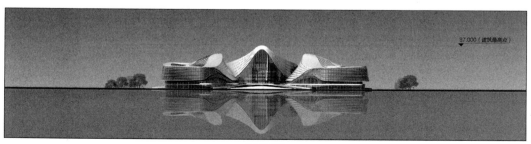

南立面图

图6-21 衢州双中心项目概念方案阶段南立面图（最高点37.000）

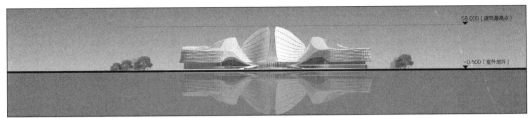

南立面图

图6-22　衢州双中心项目方案深化阶段南立面图（最高点58.000）

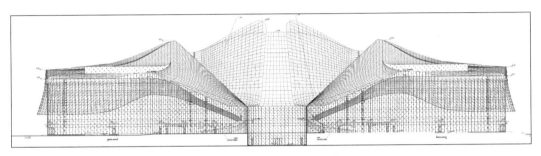

图6-23　衢州双中心项目最终施工图阶段南立面图（最高点53.000）

2．立面线条优化

　　概念方案中立面线条弧度较大，出挑也较多，虽然线条舒展，但在实际落地上面临双曲面铝板造价较高、加工不易的问题，出挑过大也会导致幕墙结构件尺寸较大，影响室内向外看时的视觉效果。同时，核心大堂的超大垂直玻璃幕墙也无法避免面临结构件较大、造价较高的问题。综合考虑，我们重新进行了立面塑造，收敛立面出挑并归尺，曲面曲率尽量平缓，共享中庭用造型化的铝板幕墙强调出高挑的趋势，同时减少了玻璃幕墙的面积。在两翼立面上的玻璃幕墙中采用横明竖隐的形式，既满足了规范"不能全隐框"的硬性要求，又通过横向线条进一步强调了舒展的趋势，达到了规范、美观的统一（图6-24～图6-28）。

图6-24　优化前立面效果图

图6-25 优化后立面效果图（1）

图6-26 优化后立面效果图（2）

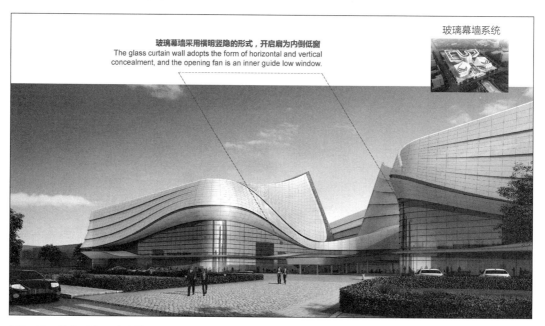

图6-27 优化后立面玻璃幕墙系统设计

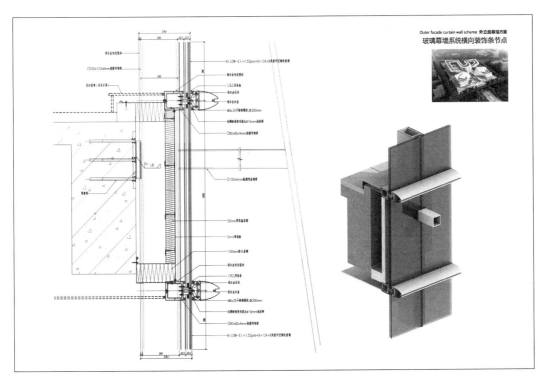

图6-28　玻璃幕墙横线条节点设计

3. 立面材料优化

概念方案用玻璃和铝板两种立面材料表现虚实对比，但在铝板立面背后的图书阅览室、办公室等必须具有采光的功能，因此我们选用了穿孔铝板以满足外观与功能的双重要求。对于穿孔铝板，我们对20%、30%、50%穿孔率都进行了实际打样，在实际板材上观察不同穿孔率对内部采光的影响以及立面效果，求得既能达到立面轻盈飘逸的效果，又能满足室内采光要求的最佳值（图6-29～图6-30）。

4. 立面板材优化

由于设计方案为曲面建筑，幕墙板材中不可避免出现了大量曲面板材。曲面板材造价较高，采用冷弯技术的同等面积双曲面铝板造价比普通直板高2倍以上，如果采用开模技术则更加无上限。由于技术限制，冷弯双曲面铝板的加工精度误差为厘米级，现场施工经常出现对缝不齐、曲面不圆滑的问题，需要依靠施工工人现场调整，施工质量难以保证。开模技术虽然精度高，施工方便，但在本案中多数板材曲率不一的情况下，开模费用将是天价。对此，我们进行了设计优化。首先，调整幕墙曲面，使曲率尽量顺滑。在立面上表现板材分缝，将分缝作为立面表现力的一

图6-29　穿孔铝板立面外视效果

图6-30　穿孔铝板幕墙内视效果

部分，进一步强化立面的流动感。分缝完成后，对所有立面板材进行曲率分析，尽可能用直板和单曲板（单曲板造价与直板相近，且加工精度较高）进行拟合，降低造价和施工难度，同时不影响立面造型。

5. 立面幕墙支撑结构优化

我们还设计了幕墙背后的支撑结构。由于采用了穿孔铝板，幕墙结构不仅影响室内的视觉效果，也会影响外立面，尤其在夜间亮灯时，室内灯光更会强调出幕墙的结构体系，混乱而不加设计的幕墙结构会导致立面设计和室内设计的双双失败。板材太小会导致结构过密，板材太大又必须增加加强肋，否则强度不足，我们与幕墙设计单位深入沟通，挑选最合适的板材尺寸，背后结构沿板材边缘设置，不设斜撑，立面效果上，结构与板材分缝融为一体，不影响立面的灵动流畅。

6. 立面开启扇优化

由于内部使用功能包括办公室、阅览室等长期有人使用的空间，立面具备自然通风功能是保障室内舒适度的必要手段。我们将开启扇与原本的立面分缝融合，采用内倒下悬窗的开启方式，室内可以方便地开启窗扇，避免了机械传动装置可能导致的故障问题。使窗户开启时对立面的影响最小化，室内通风问题在立面的原设计理念下得到了解决（图6-31）。

图6-31　玻璃幕墙立面线条及开启扇开启效果

第八节　事后考核复盘

一、事后考核

设计完成后，设计团队内部要进行事后考核复盘。考核主要分为两方面：对设计成员参与的工作的成果考核，例如工作量、工作成果等；对业主的服务满意度考核，例如服务态度、应答时间、应答成果等。考核是一种评价体系，对已完成的工作进行评价，有助于设计团队进行清醒的自我认知和后续提升。

二、事后复盘

设计团队还要进行事后复盘。复盘主要是总结及归纳，包括项目本身的情况，方案的设计思路，优化设计的逻辑，产品系的传承与创新等，主要可以关注设计过程中遇到的问题以及最后的解决手段。复盘的过程是自我归纳提升的过程，也是与其他人分享经验的过程，通过复盘，可以将一个横跨较长时间的项目浓缩起来，将其中具有普适意义的部分提取出来，既能让自己温故知新，也能在团队内形成经验共通，最终完成团队的整体提高。

第 7 章

建筑设计与工程建设的无缝对接

第一节　建筑设计与工程建设的基本关系

一、EPC的建造模式

在传统的设计与建造模式下，建筑设计与工程设计的基本关系是前后两道工序的基本关系。在现在国家政策导向的影响下，建筑设计与工程建设的基本关系慢慢有了改变，这其中就是以EPC为基本逻辑的工程建设模式改变了建筑设计与工程设计的前后关系，演变成了合成一体、利益互担，在共同的经济责任和经济利益的前置条件下，建筑设计更多地参与到工程建设的工作内容当中去，逐渐形成了以设计为龙头的EPC总包模式。模式的出发点是承认了建筑设计在整个建造过程当中的主体作用，也充分肯定了设计师、工程师对于整个项目的把控力和组织能力，使得整个社会逐步地认识到好的建造项目当中，建筑设计师以及建筑工程师的角色是不可或缺的。

模式的基本方式是建筑设计企业和建筑工程企业互相之间形成联合体或由某一主体单独进行实施，但需同时具备相应的资质。在这样的概念之下，设计是工程总EPC的龙头，是工程采购和施工的基础，设计成熟与否将对项目的质量、进度、安全、费用等起到决定性的作用，这也体现出了EPC工程总包项目中设计的主导作用（图7-1）。

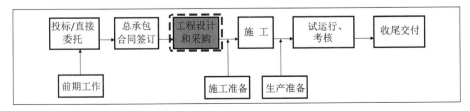

图7-1　EPC项目实施的基本过程及设计在其中的位置

二、EPC模式下的设计工作内容

在具体的实施过程中，设计将分成两个部分来进行。一部分仍然是传统的设计院的角色，对项目的扩初、施工以及项目的设计指导、设计管理、后期的设计服务进行延续性的工作。另一部分是项目实施主体当中的项目设计部来执行现场的设计管理、技术管理、采购审核、设计优化、造价控制等多项现场工程管理的职能。所以，不能简单地理解成EPC模式是建筑设计师代替业主对项目产生决定性的龙头作用，而是设计企业通过其技术优势特定选派相关专业的专职人员，对项目的设计管理工作进行执行，其机构应该有别于传统的设计企业的设计后期服务，在项目实施部门当中成立专项的专业团队来进行建造工作的执行。所以，严格意义上，建筑设计和工程建设在EPC模式下是两部分人，而不是一部分人。我们重点要探讨的是两部分人互相之间的协调工作。同时也是作了一个前提假设，即两部分人都是一个项目公司下的项目经理和项目总工所管辖的由设计经理来主导的项目设计管理团队。以其为中心发散出建筑设计部门和项目设计管理实施部，两部分人互相协调。

三、EPC的设计管理工作

1. 组织架构

从项目组织机构图（图7-2）中可以很明确地看出，根据项目的特点、规模、合同类型和公司管理规定，EPC项目管理中负责设计的部门一般称为设计部，其组织机构如下（图7-3）：

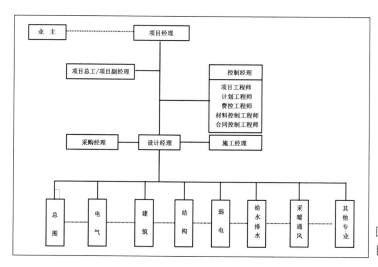

图7-2 EPC项目管理组织机构图

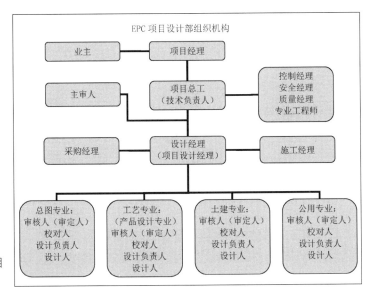

图7-3　EPC项目
设计部组织机构

2．项目部的设计管理

对于项目部的设计管理，主要职责有以下几个方面：

（1）设计文件的编制工作。

在EPC的实施过程当中，设计管理其实负责着整个项目后期的施工图管理的工作。也就是将设计与施工在本阶段完完全全地融合在一起。所以，主要工作有以下内容：负责各阶段的设计文件的编制。负责编制设计规定和作业指导书，选用合适的标准。负责贯彻执行设计作业文件的规范。负责编制各阶段的设计计划。负责设计人力的资源调配。负责设计方案的确定和审查以及在限额设计的前置条件下，确保项目的合理性、合规性。

（2）设计与采购的编制工作。

设计与工程造价关联非常紧密，所以在EPC的实施过程当中设计的主要工作会深入到项目部的采购工作当中。设计工程技术将作为主要的鉴别和审核部门进行采购工作。所以，针对采购内容，设计管理部有以下的主要工作内容：编制设计、质量管理计划、设计HSE管理计划以及负责提供主设备主材的技术规范书和供应商名单。按采购包的划分，协助分类汇总，提起请购文件，是负责协助设备及材料的监造工作。

（3）设计与外部沟通、联络、协调的工作。

每个项目在设计阶段和整个项目过程中的设计协调工作都需要有大量的精力和程序。所以，项目设计部需要负责以下工作内容：负责审核顾客提供的外部文件及输入条件和完整性，负责提供审查文件，参加外部的审查并闭合。

（4）设计与现场结合的工作。

EPC以设计为龙头，是因为设计在建造过程当中起着中枢把控作用。这就要求设计与现场紧密结合，及时处理现场的各项问题，并且对现场的问题有解决的办法，最终形成建筑部分的作业总结文件。根据项目施工进度要求，负责设计交底及建造过程中的技术问题的处理，参加项目调试，参与后期的设计回访，负责整理相关资料，做出总结报告。

3. 设计经理的职责

（1）在公司领导和项目经理的领导下，负责组织各专业设计人员参与EPC项目的投标工作，负责投标技术文件中相关设计文件的编制。

（2）在获取项目之后，负责组建项目设计部，参与各专项专业设计小队的审核审定，负责项目的设计管理工作，完成项目设计工作，对项目总体的设计、技术水平、质量、进度、投资安全、环境与健康等后期设计服务全面负责，并以此为基本出发点，根据项目总体进度计划的需求编制项目设计质量的管理、设计、安全生产、管理计划等明确的具体要求。

（3）按合同规定的设计进度要求编制设计计划，并组织实施，对项目设计计划作动态调整。组织各专业人员做好项目的设计工作，负责设计管理的策划，编制项目的设计指导文件。负责组织设计人员参加工程项目内外部的设计审核、设计验证，组织好项目的技术经济论证和分析。对重大技术问题进行多方案比较，做好实际优化工作，完成限额设计。

（4）组织工程实施前的设计交底工作，依据施工反馈，及时调整设计，根据需要组织调配设计人员参加设计复查和实际抽检工作。负责按质量体系要求，对设计过程文件、质量记录进行汇集整理，形成档案，并按公司要求落实立卷归档工作，保证档案准确，系统完整。

4. 审核人的职责

（1）审核人在参加EPC项目的过程中，对项目前期投标的工作进行全面的分析，并审核校对投标文件。

（2）项目落成之后，将审核、制定本专业的设计策划、设计方案、主要技术原则，参与项目专业设计的设计验证。负责项目专业设计文件审核工作，对所完成的各专业工程设计文件进行专业评级。对于专业设计文件是否吻合规范，是否满足EPC主合同要求，技术是否正确，工程设施及系统平面和空间布局是否合理，主要工艺设备材料选用是否正确，项目专项设置是否符合环保、职业安全、消防抗震等标准，是否按公司规定进行，专业设计的计算是否正确，项目专业设计的依据性文件是否齐备，专业投资计算是否完整，设计专业文件是否完整并符合公司规定的专业设计深度格式等事务负全责。

（3）参加本专业重要设备及主要材料技术的评审工作。在工程实施阶段参与本专业重大技术问题的论证，给予解决方案。

5. 校对人的职责

校对人主要是熟悉EPC招标文件，对文件负校对责任，参与项目专业设计文件的全面校对工作。校对人对专业设计文件的一校，着重于项目是否符合设计输入文件要求，设计文件是否符合设计输入条件，并符合相关专业技术的专业配置要求，设计图纸内容是否准确齐备，采用的标准是否合适，设备材料是否齐全，提出的设计任务书是否准确，概预算是否完整，计算是否正确并符合要求。

6. 专业负责人职责和设计人职责

（1）专业负责人主要是参与EPC项目投标文件的编制，对项目设计文件负责。

（2）项目取得后，组织本专业各设计人员贯彻合同和各级审定的设计原则，按公司要求全面完成所负责公司工程的专业设计工作，确保专业设计质量，抓好设计控制。在施工图之前的阶段把握图纸的输入条件、质量控制并对图纸进行编制。

（3）负责专业对外协调工作，根据项目经理统一安排，做好专业设计的准备工作，并且对落实开展的条件负全责。组织会签专业设计的图纸和设计文件，负责施工安装前的专业设计交底，根据需要参与施工图纸会审。

（4）深入施工现场，掌握项目实施情况。负责贯彻工程设计文件意图，做好设计文件的解释工作，解决涉及的各种问题，处理施工过程当中的专业技术问题，参与业主、监理、施工三方召开的有关工程设计问题的各种会议。负责收集工程设计变更及现场工程签证手续的各项文件，直至按需参加竣工验收工作。

7. 后期服务人员职责

协调好业主、监理、施工方、政府部门与设计方的关系，参与施工图交底，负责落实实际问题的处理。派往现场的后期服务人员，要与项目员工同步填写好各种详细的记录单。

四、EPC模式下各岗位跳出传统工作方式，深入参与项目投标

综合以上建筑设计与工程建设之间的关系以及工程建设过程中涉及的各岗位职责可以看到，在EPC模式下设计，完全跳出本专业唯图纸论的基本工作方式，而是深入地参与到项目的投标，中标后的设计组织，前置资料的收集，项目图纸的质量把控，对外协调的工作，工程采购的清单编制和采购决策，项目现场的服务，项目现场技术问题的解决以及后期竣工验收图纸的编制，直至最后形成项目设计的总结文件等各项内容中[1]。

第二节　建筑设计在工程建设中的执行落地

建筑设计在工程建设当中主要有以下几个工作内容：设计策划、设计输入、设计控制、设计输出、设计变更、设计优化、设计控制和质量记录、成品标识印制交付和归档、设计技术支持、设计收尾等。

一、设计策划

设计院受项目建造承接部门的委托展开相应的设计和技术支持工作，对建设项目的设计执行计划应按不同阶段所对应的工作内容进行分别编制。具体分为：编制的要求、编制的依据、编制的内容。

二、设计计划

设计计划可以分成：设计质量计划、设计HSE计划、设计费用控制计划、设计指导文件及进度计划、设计资源管理计划。

三、设计输入

设计经理在不同设计阶段编写的设计事先指导文件，主要包括可行性研究和项目建议书、初步设计文件、施工图阶段的文件。其主要内容应该包括设计依

---

[1]　来源：内部资料：中国联合工程有限公司建设项目工程总承包管理作业手册（第二分册）项目设计管理分册。

据、设计分工及范围、本项目设计的社会条件等。主审人对设计经理的输入文件进行评审，必要时可提请项目总工、公司总师办专家参与评审项目设计人员的设计输入。

四、设计控制

设计控制由设计评审、设计验证及质量评定、设计确认组成。

设计评审分为设计评审的时机、评审的内容、评审的结论及闭合。设计验证分为请购文件的验证和设计、文件的验证。设计质量评定分为设计成品质量等级划分、评定依据和程序，设计不合格的控制及不合格品的处置。

五、设计输出

设计输出有以下一些内容：①请购设置文件输出，包括设备采购文件的设计、输出设备请购文件、输出时间、设备请购文件的编制内容及要求。②主要材料请购文件的设计输出，包括主要材料请购文件、输出时间、主要材料请购文件的编制内容及要求。完成项目建设所需要的全部设计输出文件，通常包括报告、设计文件、设计书、计算书、图纸。对设计输出文件进行校审后，方可作为设计输出给设计经理批准，编制工程计算书。

六、设计变更

变更原因包括设计原因变更、非设计原因变更两种。其内容主要包括：变更程序和变更内容编写要求。

七、设计优化

1. 原则

设计优化的原则是不降低设计标准，不违反设计规范和标准，不影响使用功能，并明确保证工程质量、工期合同、技术要求、投资控制的目标。设计优化是在追求设计的进一步合理化和设计水平的进一步提升。

2. 设计优化策划

为了使设计优化顺利开展并取得预期效果，应对设计优化进行策划，设计经理依据优化的目标对设计优化进行安排，应明确优化的关键点、目标、时间、参与人等。设计人员的主观能动性和责任感是设计优化的基础。所以，建设部门及设计部门应制定合理的激励措施，有效激励设计人员的技术创新，创造更高的社会效益和经济效益。

3. 设计优化内容

设计优化内容主要分为综合性优化和专业性优化设计，优化思想应贯穿设计过程中每个环节，主要包括系统集成、优化布置、优化设备选型以及优化新材料、新设备、新工艺等各个方面。

4. 设计优化的评审

设计优化的评审主要是确立设计优化的范围及可实施性，并对此进行评审，形成评审意见及记录。评审的主要依据是能否优化系统和流程、降低工程造价、加快建设速度、提高工程质量、提高工程观感质量。

八、文件控制和质量记录

文件控制包括文件和资料的内容、文件和资料的批复发布、文件和资料袋。质量记录包括质量记录要求、质量记录表单。

九、成品标识印制交付和归档

成品的标识内容包括成品标识要求、印刷、交付、归档。

十、设计技术支持

设计技术支持是现场设计管理的主要工作内容。

1. 设计交底

设计产品发出后应有一定的周期让施工单位详细地熟悉图纸，并由项目设计经理、项目经理及项目业主商定施工图交底日期。施工图交底由项目设计经理负责组织，由各设计单位安排主要设计人员参加。参加交底的人员在交底前做好充分的准备，交底要细致地交代设计意图、设计内容、施工质量要求并做好相应的记录。施工图交底形成会议纪要，各方认可，代表签署后作为施工安装文件和设计确认、设计修改的依据之一。纪要中提出的设计质量问题，应在商定的期限内给予明确答复，不得拖延。

2. 基础验槽

3. 设计检查

检查其设计的安全性设置的内容，包括设计自查、设计复查、施工检查。

4. 施工配合

施工配合包括现场服务策划，根据设计施工与管理部门之间的协议，设计经理负责确定常派设计代表的计划与进入施工现场的时间。各专业推荐设计代表人，设计经理提名总代表等。

5. 设计代表的管理

设计代表是设计部门派驻工地负责施工现场设计服务，配合各参建方施工的代表，实际代表应能正确积极地履行设计服务职责。设计代表负责使工程达到设计的预期质量、进度和投资效益的要求。设计代表一般由参加本工程施工图制作、责任心强并具有实践经验、能独立处理问题的专业技术人员担当。设计代表受设计经理和项目经理的双重领导，以项目经理为主。各设计专业应就设计代表派遣和解决专业技术问题予以保障。设计服务总代表是设计代表的行政领导，除应做好本专业设计代表工作外，还应协调专业之间的关系，督促和检查各设计代表贯彻执行本规定，并代表设计人员参加现场各种综合会议，与业主、施工、安装和监理单位共同处理综合性的技术问题。设计代表的职责是设计现场服务，是整个建设过程中的重要环节，是为业主及相关方服务的重要体现，是本公司对工程建设标准履行的监督职责，是共同保证工程建设质量，控制工程进度，控制工程造价，提高工程投资效益的重要途径。所以，设计代表要对相关方的技术进行正确、及时的研究以及处理现场建设当中的具体技术问题，同时需要充分掌握设计原则，了解设计意图，熟悉建筑图纸，向各参与方进行技术交底，解释设计意图，指出需注意的技术问题。另外，还要及时了解施工进度，掌握主要设备和材料到货情况，对施工图进行事先检查并做好施工图的修改。对于重大技术问题，需向公司设计部门汇报，并负责督促解决现场出现的问题。做好工程配合的日志，对发生的问题、情况分析、处理结果进行记录，有效地解决设置修改和更改的技术问题，并向设计部门汇报现场处理的结果，要求增派有关设计人员解决问题，满足现场需要。

6. 竣工验收

设计部门在收到项目工程部的工程验收通知后，会同本部门各设计专业项目设计经理确定参加竣工验收人员，由项目设计经理带队按时前往验收。应向参加验收的部门领导汇报该工程设计背景情况。验收后，项目设计经理要协助项目部处理业主验收提出的遗留问题。

7. 质保期服务

质保期服务是项目投产后设计人员应依据项目合同规定，定期派员对业主进行设计回访，了解使用情况，处理所发生的实际问题。

十一、设计收尾

1. 编制竣工文件，包括竣工图和其他竣工文件

在设计与建造深度融合的EPC模式下，竣工图的编制由设计经理负责组织各专业进行具体编制，在项目要求时间内完成。竣工图是项目移交文件的重要组成部分，所以必须齐全和准确，要求真实反映设计变更、隐蔽工程记录、工程实际情况。竣工图包括所有施工图，其中属于国家和行业的标准图、通用图，可在目录中注明不作为竣工图编制卷组。凡按图施工无变更的，在原设计施工图纸基础上直接升为竣工图，并按照要求加盖竣工图章。凡未按图施工有变更的，在原设计施工图基础上修改并按要求做出标注后，再按要求加盖竣工图章。竣工图属于设计成品，其标识的印制、交付及归档按照设计输出要求执行。其他竣工文件是指设计经理及各专业负责人还需完成未关闭合同所需要的其他文件，包括协助项目部编制项目变更文件内的设计变更部分，方便项目结算和索赔，协助编制项目资产移交清单等其他文件。

2. 设计归档

（1）设计文件公司归档。设计文件需按照设计公司的要求进行归档。设计负责

人按照公司要求适当地将设计文件进行归档，除按照公司要求归档软件外，还应将设计确认验证后的输出文件按项目做成相应的电子文件夹，并按照计划上的电子存档目录简化名称，进行统一的电子文件归档。

（2）业主归档设计。设计经理及各专业负责人根据项目文件管理规定，除制作设计竣工图外，还应收集整理其他设计资料和有关记录，组织编制项目设计文件归总目录，按项目归档时间提交项目部。归档过程当中发现问题，需根据要求进行整改，确保文件顺利地按时归档。

（3）回访及总结。对工程而言，设计回访是建设质量管理的一种延续，是提高公司品牌形象、取得业主认可的重要保证，回访的目的主要是剖析存在的问题，提出纠正、改正、提高的方法，其形式可以是按规定进行现场调研或召开座谈会，做好记录并根据调研进行分析和确认。除了调研座谈之外，履约之后，也可以通过电话咨询等方式保持与业主的相关沟通。得到业主必要的信息反馈，特别是业主或相关方的投诉，要及时予以回复。

3. 设计总结

设计交底以后组织编制设计总结，并积极参加项目完工报告的编制，将项目设计的经验和教训反馈给设计部门及工程总承包部门，持续进行项目的管理和设计水平的提升。设计总结是对于项目过程控制的经验教训的总结应对，按照设计进度计划、质量计划、HSE计划、费用控制计划、人力资源计划等逐项分析。

十二、建筑设计在施工过程中的落地执行总结

通过以上的建筑设计在施工过程当中的落地执行，可以深刻地总结出以下几点：第一，必须确保建筑设计及建筑工程技术在项目执行过程中的流程性和操作性。第二，必须确保建筑设计及工程技术在项目执行过程中的角色定位和责权利的界定。第三，必须确保项目设置管理在项目建设过程当中的前策划、中部设计输入和输出技术支持和技术把控的各项责任落实到位。第四，必须界定设计工作和设计管理工作之间的边界以及各自的职务职责的权限。目的是确保项目设计管理能够有效地鼓励、促进、约束项目设计部门在设计策划文件的编制、设计人员力量的组织、流程的合理性、报审的及时性、设计输出文件的质量鉴定、现场配合的程度等各方面都拥有话语权。第五，必须充分认识到设计工作仅仅是整个建设工作当中的一部分，大量的工作和对项目的质量把控都在后期合理合规地进行。

第三节 新平台、新材料、新工艺对工程建设的推动

一、设计使材料有了生命

常规的认知是新平台、新材料、新工艺极大地造就了新建筑的设计和营造。事实上，是在这些新建筑产生之前，建筑师对于建筑设计的空间以及建筑的物理性能有了极大的需求，才会考虑使用这些新的事物。罗马斗兽场因对大空间的需求而采用了以罗马的火山灰为原材料的混凝土结构；巴黎为了争夺城市的高度而采用钢结构建成了埃菲尔铁塔；战后重建使混凝土与艺术深入地融合，产生了现代粗野主义建筑；极致的纯净将混凝土建筑在风格上推入了安藤忠雄的精美混凝土主义；对木结构进行技术创新后，超越原有性能极限，产生了现代木构建筑。所以，综合而言，新事物本身不能成为建筑，而是被建筑师所采纳之后才会有新平台、新工艺、新做法的产生。所以，任何问题都是自己的问题，建筑师要从自己的工作中寻找各种解决的办法。

二、对于材料的运用及案例

建筑对于材料的态度：

建筑师在解决了设计的基本问题之后，所要面对的就是在建筑的材料和工艺上的新突破。这里分成两个部分来讲述我们的问题：第一，对材料的运用。当前人类科技已经有很长一段时间没有产生新的建筑材料了，基本还是在混凝土、钢、木、砖石混合结构中产生。所以，不存在根本性地改变建筑的属性和结构的属性。第二，对于空间与材料的可塑性方面的考虑。这是在原有的基础上进一步地深化，对材料进行提炼和升华，使得材料通过另一种建筑语汇来表达建筑的内容。所以，这就要求在建筑设计的初始阶段就有这样的对材料与空间如何吻合方面的思索。基本内容包括以下几种思索的方向：

1. 材料对于空间结构的支撑

依据不同空间结构的基本模数，采用合适的材料结构形式来作为空间的主要支撑构件。例如良渚文化村——邱家坞大师村的项目上，我们就采用了这样的方式（图7-4、图7-5）。我们对大师村的设计，组织了两种混凝土建筑形式来回应我们对人群的行为轨迹进行的概括。首先是工作空间，我们通过混凝土出挑6m的概念，形成了散状的结构形式，将楼梯间、电梯间以及卫生间等服务功能放置在核心筒之中，由核

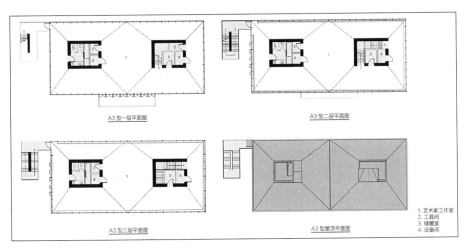

图7-4　邱家坞大师村工作空间平面图

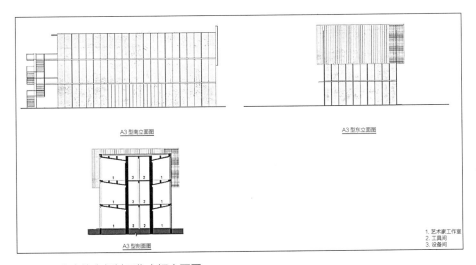

图7-5　邱家坞大师村工作空间立面图

心筒向四周出挑6m形成了外围的被服务空间，人在整个空间当中能够感受到360°的外围景观。通过这样的结构形式，很好地形成了大师工作室所需要的流动空间和空间之间的视觉，给予使用者无限的灵感激发。另一种是生活空间。将现浇混凝土楼梯放置在建筑两边，将中间全部解放出来，形成了大师生活、会谈的场所。同一种结构形式，采用两种不同的空间支撑体系和组合模式，由此形成整个大师村的基本结构逻辑和建筑的基本单元。通过对单元的不断组合，形成整个大师村三横三纵的总图组织逻辑，并且通过模数形成工作、生活两种不同的建筑形形态的组合。每个大师工作室都是由两种不同的建筑形态进行有机组合，最终形成了具有工作、生活、展示、交流作用的18座独立的院落，形成了大师村的基本设计逻辑。这就是建筑师从结构空间的基本逻辑出发形成的以结构为核心的建筑类型组合（图7-6～图7-9）。

图7-6 邱家坞大师村工作空间单元实景

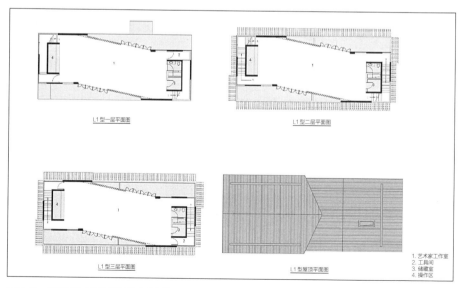

图7-7 邱家坞大师村生活空间平面图

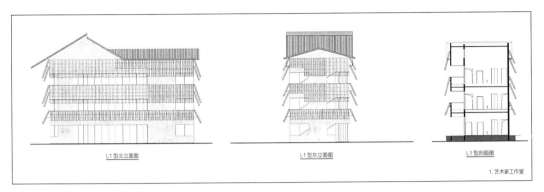

图7-8　邱家坞大师村生活空间立面图、剖面图

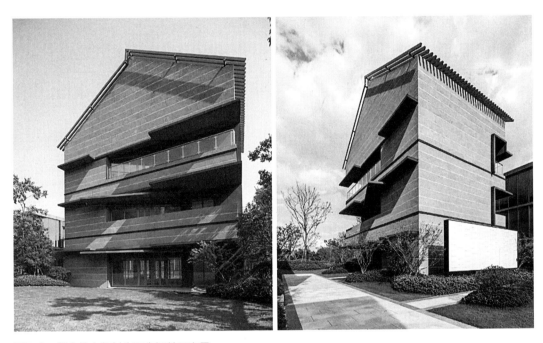

图7-9　邱家坞大师村生活空间单元实景

2. 对材料的重新组合和语汇提升

仍然以良渚邱家坞大师村的设计为例，对材料有了新的使用方式。邱家坞大师村的主题内容是工业设计的联合国村落，所以用工业设计的手段、工业的材料表达浙派建筑粉墙黛瓦的基本格调是建筑需要表达的主要内容（图7-10）。我们想利用铝板、铝条、混凝土、玻璃、PVC板材等现代建筑工业产品创造出极具东方意境的文化体现，所以，用圆筒形的铝型材代替民居的披檐，用夯土材质涂料代替民居的夯土墙，用白色铝板进行编织代替民居的白墙，以三种现代建筑材料来替代传统的村落意象，向古而新。具体做法：灰色圆筒形铝方通进行重复的排

图7-10　邱家坞大师村，铝型材排列组合转译出披檐的传统语汇

列组合形成小青瓦屋面，下部采用透明的PVC板材进行防雨的设计，通过这样的手段使得浙派建筑传统的披檐有了新的提升，既起到了防雨遮阳的作用，又能够将光线很好地引入到室内，对传统建筑有了语汇上的继承，又对现代建筑所需要的建筑物理性能有了很好地结合与提升。研究仿夯土涂料的性能，利用夯土材料本身具有的古朴质感，对其进行深化，在生产中进行了无数次的样板测试，最后将其附着在现浇混凝土的表皮上，形成了传统民居夯土墙的意象。而在传统民居的白墙意象之上，采用了白色铝板进行编织。对外是白色铝板，对内是丝网，希望爬藤植物攀爬内部丝网形成垂直绿化，而通过顶部和编织铝板的空隙穿透到达室外，进一步形成传统民居所需要的白墙以及内部芬芳，显露出墙的建筑意象。通过以上三种具体的设计手段，对邱家坞大师村的传统语汇进行了现代材料的转录，使得工业材料在新的主题内容之下有了新的组合方式，体现出全新的面貌（图7-11～图7-14）。

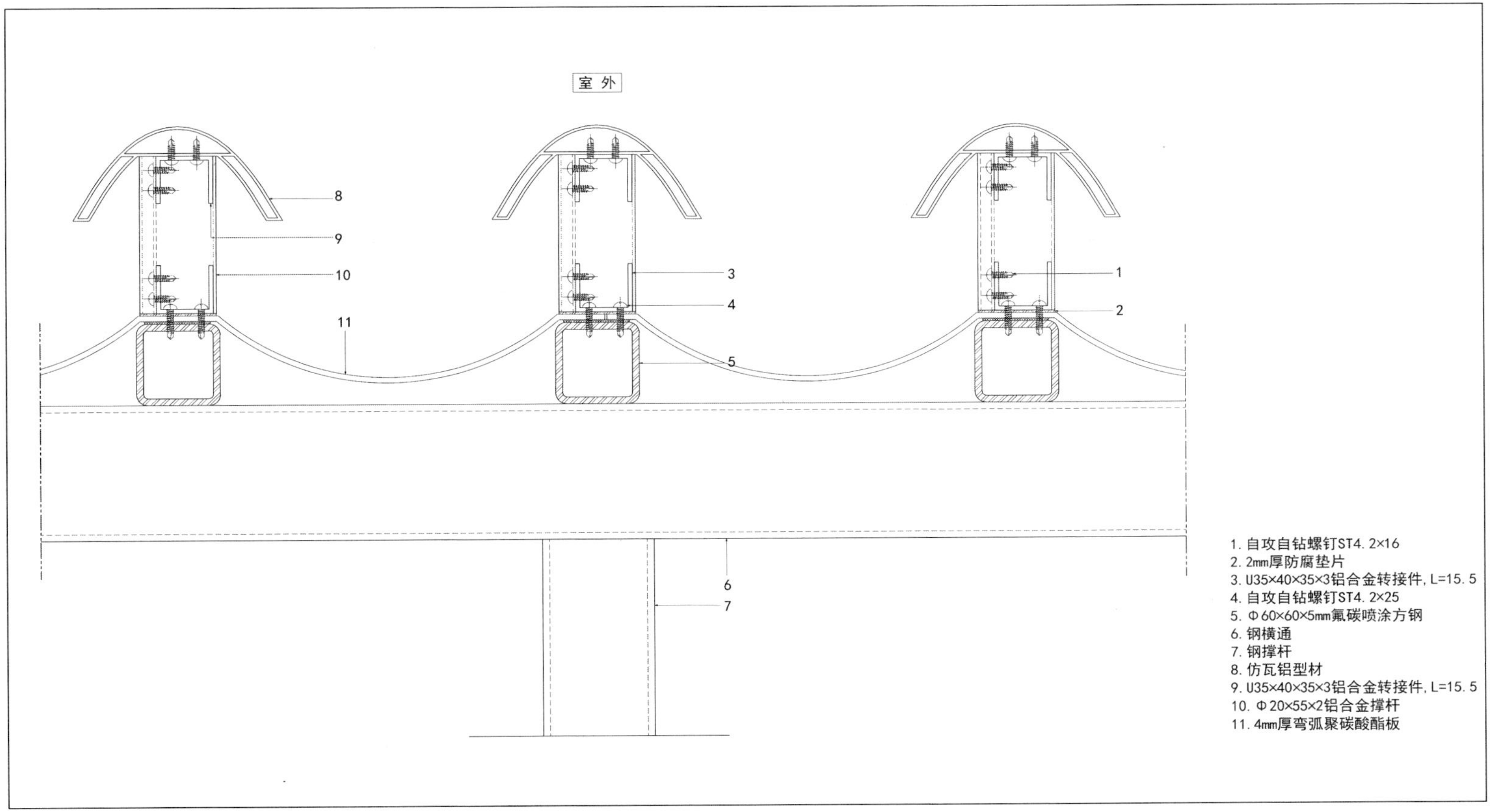
室 外
8
9
10
11
3
4
5
1
2
6
7
1. 自攻自钻螺钉ST4. 2×16
2. 2mm厚防腐垫片
3. U35×40×35×3铝合金转接件, L=15. 5
4. 自攻自钻螺钉ST4. 2×25
5. Φ60×60×5mm氟碳喷涂方钢
6. 钢横通
7. 钢撑杆
8. 仿瓦铝型材
9. U35×40×35×3铝合金转接件, L=15. 5
10. Φ20×55×2铝合金撑杆
11. 4mm厚弯弧聚碳酸酯板

图7-11　邱家坞大师村铝型材立面节点（1）

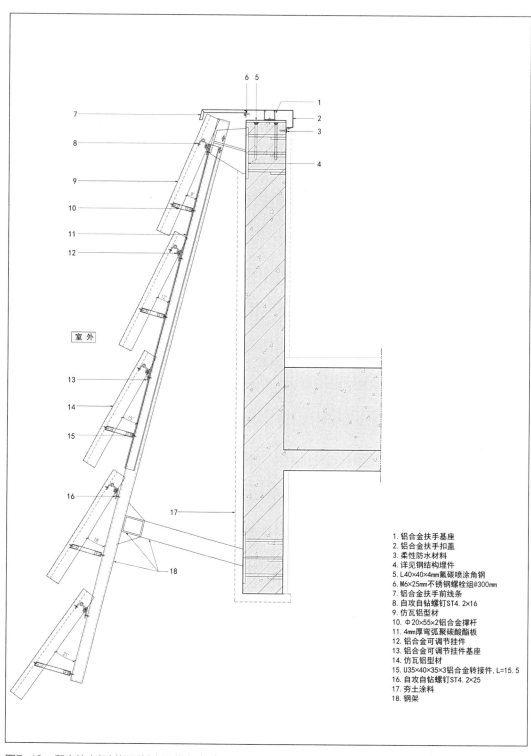

1. 铝合金扶手基座
2. 铝合金扶手扣盖
3. 柔性防水材料
4. 详见钢结构埋件
5. L40×40×4mm氟碳喷涂角钢
6. M6×25mm不锈钢螺栓组@300mm
7. 铝合金扶手前线条
8. 自攻自钻螺钉ST4.2×16
9. 仿瓦铝型材
10. Φ20×55×2铝合金撑杆
11. 4mm厚弯弧聚碳酸酯板
12. 铝合金可调节挂件
13. 铝合金可调节挂件基座
14. 仿瓦铝型材
15. U35×40×35×3铝合金转接件, L=15.5
16. 自攻自钻螺钉ST4.2×25
17. 夯土涂料
18. 钢架

图7-12 邱家坞大师村铝型材立面节点（2）

图7-13　邱家坞大师村，用涂料仿夯土材质

图7-14　邱家坞大师村，白色铝板的编织效果

3. 是对新的建筑材料的研发

在某些建筑需要有特殊的意境表达的情况下，建筑师也应该充分地了解市场的情况，对新材料进行合理的运用。在良渚遗址考古保护与监测中心项目上，我们采用了全新的陶瓷膜打印玻璃。该项目位于杭州良渚遗址的保护基地范围之内。良渚遗址苍凉而广阔，诉说着五千年文明的历史。考古保护与监测中心的原始状态是一组工厂，也是遗址范围内唯一存在的大体量建筑，如何改造成既吻合遗址风貌又体现良渚文化的建筑群落是建筑师所要面对的主要设计任务。如何处理建筑的隐与显的作用，用一种不存在的态度来营造一栋存在的建筑。所以在这样隐与显的课题之下，我们采用了陶瓷膜打印玻璃。陶瓷膜打印玻璃的基本内容是在传统的玻璃之中形成一层陶瓷膜打印的膜。建筑设计师可以对膜进行有效的图案肌理创作。基于陶瓷膜打印玻璃这样的基本物理性能，我们对良渚文化当中最显著的玉器进行建筑语汇的转录，希望获得良渚美玉的肌理，使建筑在阳光下体现出现代建筑的韵律和传统美玉的透亮（图7-15、图7-16）。首先采用的是灰色的基调，使建筑本身消隐于整个遗址范围之内。同时，对良渚玉石的肌理进行计算机模拟，提炼出其基本纹理走向和像素的模拟，形成基本的图案单元，然后结合建筑本身的体量和玻璃表皮的分割，对图案单元进行四方连续的大面组合纹理的设计。每一个建筑的立面都有良好的连续感和非重复感。最后，将组合完成的计算机模拟图案发送到厂家进一步进行膜材料的复刻和印刷。通过艰苦的摸索和重复的试制，多材料、多样板的比选，样板上墙之后又进行多时段、多角度的模拟和思考，最终形成了两组考古保护与监测中心所表达出来的建筑使命。

图7-15 良渚考古保护与监测中心，陶瓷膜打印玻璃模拟的半透玉石效果

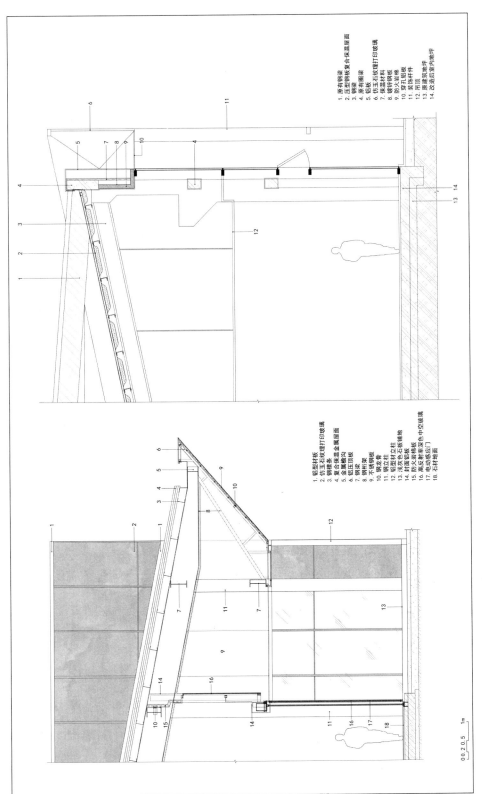

图 7-16　良渚考古保护与监测中心立面节点

上图图例：
1. 原有钢梁
2. 压型钢板复合保温屋面
3. 原有圈梁
4. 铝板
5. 钢梁
6. 仿玉石纹理打印玻璃
7. 保温材料
8. 保温岩棉
9. 镀锌钢板
10. 穿孔铝板
11. 装饰杆件
12. 吊顶
13. 原建筑地坪
14. 改造后室内地坪

下图图例：
1. 铝型材板
2. 仿玉石纹理打印玻璃
3. 金属镶边条
4. 复合保温金属屋面
5. 铝压顶板
6. 钢梁
7. 钢桁架
8. 不锈钢板
9. 钢龙骨
10. 钢立柱
11. 钢型立柱
12. 浅灰色石板铺地
13. 封面磁铺板
14. 铝型面磁铺板
15. 防火卷帘
16. 高反射率深色中空玻璃
17. 电动卷帘门
18. 石材地面

0 0.2 0.5　1m

4. 装配式建筑对建筑设计的推动

当前中国建筑主要面临的问题是大规模的城市化进程使得建筑建造的周期大大缩短，同时人力成本的大幅上扬、环境污染、城市环境治理、噪声的控制等各种城市生活品质的提升之后产生的矛盾与问题，使得新工艺、新做法的发展迫在眉睫，装配式的需求渐渐地摆到了议事日程之上。所以在国家层面和各省市地级政府的推动之下，建筑装配式开始粉墨登场。建筑装配式的本质是将大量重复的模数化的建筑部品部件在工厂进行工业化生产后现场拼装组合的建造模式。所以，装配式建筑合理存在的前提是建筑结构组织的逻辑性。大量的办公建筑和居住建筑以及定制化的度假式单体建筑都是装配式建筑能合理存在的建筑类型。要求在建筑设计的初始就必须要考虑到以下几个因素：

（1）建筑的合理性与装配式的匹配度。基本模数的最少化、重复构件的最大化、结构互相贯穿联系的最佳化都是装配式建筑所需要掌握的基本设计逻辑和原理。

（2）装配式建筑部分的工厂可加工性。既然是大规模的工业化生产，就必须回归到产品的本质性能上，所以，在装配式建筑的设计过程中要充分地考虑到装配式建筑部分在工厂的可加工性、加工的效率、工艺的可实施度，并且要把装配式的部分与人的舒适度相结合。

（3）装配式建筑部分与非装配式建筑部分的匹配度。到目前为止，在局部的国家示范项目当中有90%装配率的建筑的案例。但是绝大部分的装配式建筑目前仍然保持着40%到60%的装配率。这个要求充分考虑到了装配式部分和非装配式部分的匹配度和与施工结合的融合度。目前已经有项目显现出这样的矛盾性，并且会对建筑的施工和交付使用产生很大的影响。

（4）寻找专业机构联合设计。装配式建筑既然是工业化的生产，必将催生大量的专业化制造厂家和专业化设计机构。建筑设计可以在各个设计的专项当中与其进行深度有效的合作，在建筑扩初、施工图阶段就可以引进相关的专项设计，反过来促进建筑设计在装配式阶段的深度融合形成新的合力交付平台。

第四节 工程设计整合各专项、各专业的能力

一、一体化设计建造的工程总包工作模式

建筑设计与工程建设之间的深度融合是保证项目有效推进的最佳手段和高完成

度的建筑所要达到的目标。这要求工程设计中整合专项专业设计的能力要达到很高的境界。尤其在中国现行的社会管理体系下，一些具有时代节点意义的项目往往面临着时间紧、任务重、要求高、内容多等问题。在这样的要求之下，对建筑工程整合能力提出了进一步的要求。

二、案例分析

2018年年末，国务院决定全国双创大会将在杭州举行。这是中国大众创业、万众创新的双创活动举办的第二次交流大会，李克强总理将会出席双创大会，并进行会议交流和成果展示。会议要求在2019年4月20号准时举行，举办地点为杭州未来科技城梦想小镇，项目要求5000m²的会议中心和1万m²的会展中心。从接到任务至会议开始，总共历时90天。按照常规的工作方式是完全无法达到这样的速度的。这就要求设计与施工深度融合，在设计和施工双轨并进的过程中，设计永远在施工的前道工序解决本道工序所要解决的控制性问题。换句话说，不可能等到设计完全结束之后才开始施工，而是在初始阶段就要考虑到施工全周期的问题，并且把所有的控制性问题在前一道工序当中予以解决。具体的做法有以下几个阶段：

1. 第一阶段：设计的总体控制

根据业主提出的5000m²会议中心和1万m²会展中心的功能使用要求对项目进行方案设计。方案设计需要把控的是如何在总体功能要求下，寻求一个相对稳妥又有品质的完美方案。所以，采用了现代风格的简洁形体来塑造双创的国家级会议中心，形成了一个简洁的方形会议中心和一个矩形会展中心形体，用统一的屋顶对两个功能主体进行覆盖。屋顶覆盖的下部将会产生礼仪性的灰空间，形成国家级会议中心的礼仪空间和序列空间。通过外部梭形截面的片状柱廊结构对礼仪序列进行进一步的烘托和组合，形成象征大众创业、万众创新的大门开启式的前序柱廊空间。景观空间融合镜面水池天圆地方的落客空间等与方形建筑进一步形成了非常简洁的建造形态。同时，建筑采用大跨度的钢结构，保证建筑内部空间的无柱化。桁架式的大跨度钢结构支撑体系采用角钢焊接的方式，作为结构主体的基本施工工艺做法。这样，在第一阶段，通过建筑体形控制、成本控制、结构做法的总体控制，用一个最简洁、最常规、最可实施的方式来实现一座大气、开放、有相应建筑语汇的国家级会议中心，这也为后期顺利地展开整个工程设计、控制合理的造价打下了很好的基础。这是第一阶段，即概念方案设计阶段的主要内容（图7-17、图7-18）。

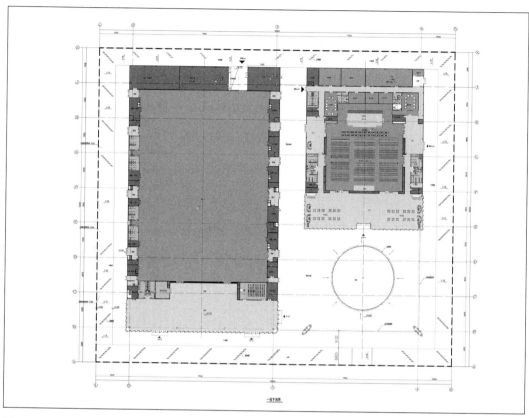

图7-17 双创中心平面图

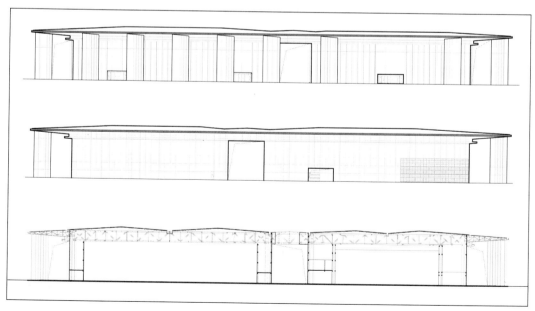

图7-18 双创中心剖立面图

2. 第二阶段：设计深化阶段和桩基先行阶段

在确定了建筑方案的前置条件后施工立即进场进行土地平整，这个阶段就需要设计立即进行桩基和主体结构的设计。所以，本项目采用了桩基先行的概念，将土地平整、打桩和基本的结构计算等内容完成后，相应施工作业先进场，结构进行合理的控制，项目迅速先期启动起来。与此同时，在设计深化的过程中，要求各专业专项设计都在同一个三维模型上进行。建筑结构、机电、室内、景观、幕墙以及会议、会展的展陈设计都在同一个模型的基础上进行正向建模推敲的设计，由模型导出二维图纸和相应的效果图，这样就有效地解决了各专业的错漏碰缺。同时，通过正向模型推敲的设计，使专业与专业之间的边界处理问题得到有效管理，也很好地配合了工程快速推进的需求。例如主会场外围护结构的设计中，建筑设计定下网格化的立面分割方式，幕墙设计依照相应的分割进行深化，而室内设计就采用了与此分割完全吻合的室内立面，形成了屏风状的室内。墙体的设计中，幕墙的玻璃即成为室内屏风样式的基本纹理，双方的交接面由幕墙专业进行处理。三个专业在同一个模型上进行深化，最终形成了学术交流中心内外一体、完美融合的建筑外围护体系。主会展中心通过机电专业与结构专业的合理交错形成各专业管线，在顶部主结构的2.8m高的桁架当中进行有效的组织和穿行，既降低了建筑层高、节省了造价，又有效地维持了会展中心室内的净高，同时结合室内专业进行统一美化，使建筑结构所见即所得。通过第二阶段的设计使得每个专业专项都能够在直观可视的三维模型当中进行责任边界的划定、交接部位的磋商、各专业相互关联的细化等工作，并且以此为基础，展开二维图纸的出图工作，有效地与业主和施工部门沟通，形成三方协同、共同推进的合力平台。同时结合跟踪造价的工作，在每一深化阶段对造价概算进行跟踪，这样可以有效地分解总造价下各子项工程的造价控制，进行深度的成本逆向设计。可以很形象地比喻成在施工正式大面积铺开之前，电脑里已经建了一遍房子，而且整个建造的过程和最终呈现的效果是直观可视的（图7-19、图7-20）。

3. 第三阶段：建筑高完成度的交付

由于时间非常紧张，26900m²的建造体量如何能够最大限度地精细化，是时间与完成度形成的一对矛盾统一体。要求建筑设计在细节的把控上有清晰的逻辑，很好地解决方案问题。所以，在项目初始，就对建筑进行了清晰的模数把控，从柱网关系入手，针对会议、会展大空间的功能要求进行合理模数的规定，采用9m×9m的基本网格进行平面的布置，平、立、顶面都采用一套模数体系，都在此基础上进

图7-19　双创中心网格化的建筑立面图

图7-20　双创中心配合立面的屏
风状室内设计

行模数再分割，使得幕墙的分割和室内墙面的分割统一与柱网形成整数化的分割逻辑。同时，考虑到大面积施工的工艺要求，所有板材的宽幅都与现在市场上最普遍的板材门幅相吻合，杜绝特殊化加工或者单一供应商的尺寸要求。通过这样的设计逻辑和模数分割的演变，建筑整体立面幕墙的深化形成了两种尺寸：第一种，会议中心和会展中心的所有外围护体系、整体统一覆盖面的底部都采用同一尺寸的板材进行立面的拼合。第二种，外围梭形装饰柱式柱廊采用的是弧形板面的曲面板材拼合。两种方式的板材之间采用密拼缝的方式，进一步减少了整体立面的构造措施。通过最简洁的幕墙板材尺寸的模数，最简洁的板材加工工艺控制，大大加快了施工阶段幕墙材料的分包、加工、工艺处理，并降低了现场安装的复杂程度。在经过相对胶着的立面材料质感、色彩的选择之后，以最快的速度展开板材的大量采购，施工作业大面积铺开。最终形成了既有效控制了造价，又保证了施工工艺高完成度的建筑的交付。

4．总结

通过以上内容表明了建筑设计在工程总包和快速推进项目的过程中如何面对双轨制的工作模式，在前一道工序的合理控制之下有效地推进项目。三个阶段分别表明了总体控制阶段、各个专业专项的结合阶段以及在具体的施工工艺做法阶段都需要有很好的建筑控制意识。管理的问题需要设计来解决，设计的问题需要技术来解决。只有从源头开始控制起来，才能更好地完成合力交付的平台，创造高完成度的建筑。项目完成后顺利地召开了全国第2届双创周的交流活动，本建筑也受到了李克强总理及相关部门的高度评价。

第 **8** 章

全建设周期的设计合力交付

当前的社会发展，对建筑设计的要求已经不局限于某一个阶段的设计工作，而是要求建筑设计慢慢演变为工程的全过程建设周期中的综合服务商的角色。所以，在本章节我们着重论述的是在前期项目策划和可研阶段、在规划控制和城市设计阶段、在中期设计传承和创新设计阶段、在方案创新和落地控制阶段、在后期深化设计和施工把控阶段、在项目咨询和现场管理阶段、在后评估阶段以及信息模型和智慧工程阶段的相关建筑服务的内容。

第一节　规划控制与城市设计

一、规划的动态性

传统的规划设计和城市设计都是由政府主管部门委托相应的规划设计部门对城市空间的策略和未来的产业导入进行专项化的研究。尤其是现在提出了"一张蓝图绘到底"的城市规划执行意志，赋予城市规划和城市设计具有等同于法律法规约束性的刚性效应。但是一张蓝图绘到底不等于一个规划不可调整，基于产业的更新调整也需要进行相应的逆向规划设计。包括政府对于某一区域原有的产业规划与城市现状发展之间的矛盾性和滞后性进行了新的思考，也有本地区某一产业迅猛发展，具有了良好的市场前景的情况下，如何最大限度地留下已有的产业积累，拓展未来的产业空间，作出相应的规划调整。从这个角度讲，传统的规划是以面逐渐渗透到点来做城市策略和营建的常规动作，而现在随着城市的发展，更多的时候是以点带面，以产业带动城市，发展围绕产业的人群来进行相应的城市策略研究。这就对城市规划和城市设计提出了更具体的要求，也反映了新事物产生后相关规划内容也需要进行对应调整的新工作、新思维、新方法。

二、规划控制的案例分析

以杭州市九乔板块的城市规划和城市设计为例。该地区曾经是杭州小商品市场的主要聚集地，是涵盖了服装、汽车电子、家具、家装等各种类型的以小商品城为主的贸易市场。但是随着电子商务和线上交易的迅猛发展，传统的小商品城已经开始走下坡路了。所以原先该地区基于其交通便利的优势发展小商品城的前置条件已经不复存在，相反，由于高铁时代的到来，该地区成为高铁、地铁交通异常便利的成熟城市区块，同时作为环沪经济带迎接上海的产业溢出，结合杭州电子商务异常发达的前置条件，政府重新规划该地区为长三角数字产业园区，并且在设定城市未来愿景之后，对该地区的核心内容——长三角数字产业园区先期进行了建筑设计的招投标，确定了长三角数字产业园的建筑方案。以此为契机，政府对原有规划设计进行了重新调整，希望打造以高科技领域、智慧化城市和数字设备的产业导入为依托的产城一体的新城区。

三、城市设计的要点

以乔司板块九乔国际数字商贸城核心区的城市设计为例（图8-1），城市设计的主要工作分成以下几点：

图8-1　乔司九乔国际数字商贸城核心区城市设计整体意向

1. 结合产业进行产城空间设计

打造以丰收湖为核心景观区的城市空间规划。将这块中央的丰收谷打造成整个城区的中央景观节点，并以其中央景观节点发展形成东地块以商业商务酒店等配套为主，西地块以长三角数字产业园的新型商务区以及城市综合商业配套为主，南北两翼以居住、居住配套和商住混合业态为主体的"一心一轴四片区"的城市规划格局（图8-2）。

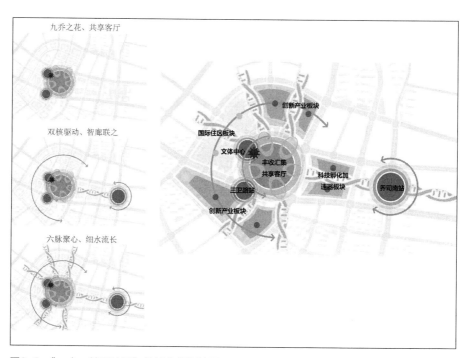

图8-2　"一心一轴四片区"的城市规划格局

2. 结合产业人群进行产城一体化规划

结合本地块以高铁站、地铁站为主体的交通TOD引导商业空间格局的设计研究。依据产业人群的特征，对于本地块的科研、轻加工、休闲文化、商务商业、居住教育等各方面的配套和相应配套的比例进行了合适的规划，落实到每个地块的具体经济指标当中，并且利用景观轴、景观环道、漫步道以及车行道的环道，对区内的交通进行了重新规划，形成了围绕产业人群打造的完整城市产业空间和配套空间的产城一体化的规划设计（图8-3～图8-7）。

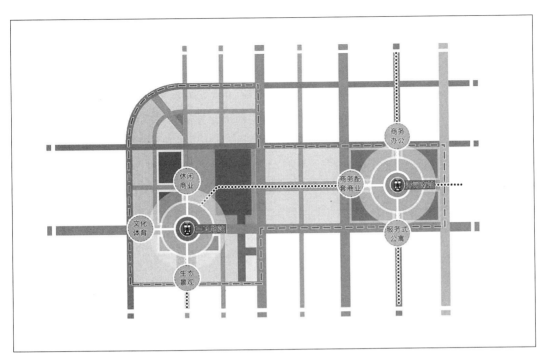

图8-3　复合聚集TOD模式

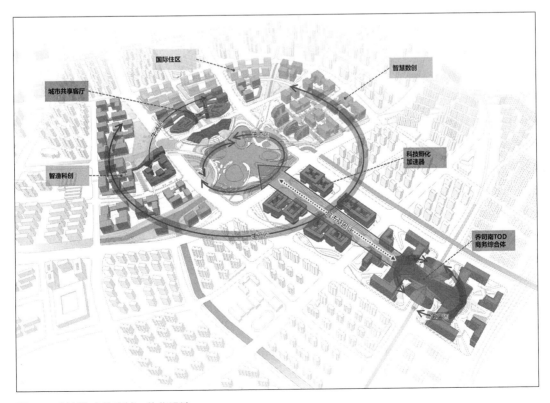

图8-4　科创为主的产城一体化设计

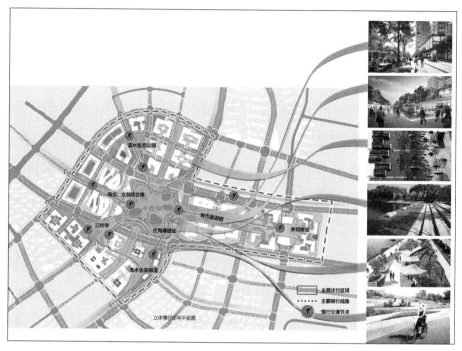

图8-5 立体慢行系统

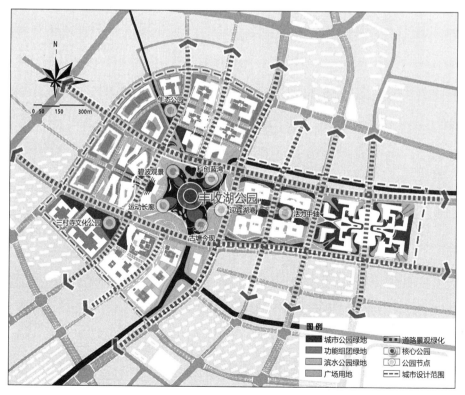

图8-6 绿地景观系统

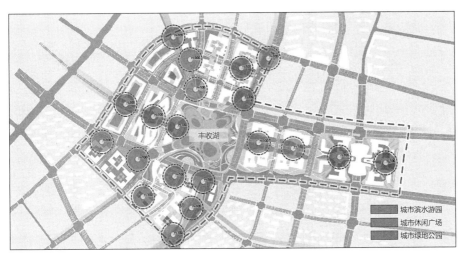

图8-7　开放空间系统

3. 结合产城人群进行城市空间设计的研究

　　针对本地区产业的特定人群，将人群的需求进一步放大，反映在具体的城市空间节点的设计研究上，着力打造小街区+密路网+开放式城市空间。尤其是针对该地区机场航空限高的不利条件，将建筑合理的容积率与建筑的限高相结合，引进产业所需要的大平层以及通用的、模数化的科研建筑形态，打造特定的建筑空间。形态底部开放式的城市流动空间，形成"聚、创、办"等不同的城市空间内容，并且在"聚、创"之间形成多层次、立体化、共享性、生态化的底部城市活力带，很好地解决了特定人群的城市空间需求问题（图8-8～图8-13）。

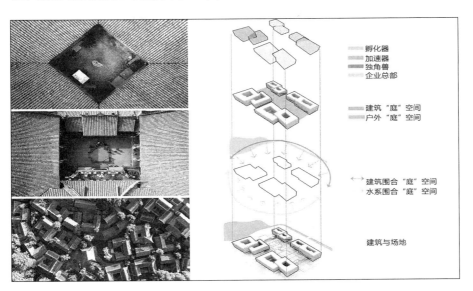

图8-8　科技加速器模块建筑设计理念

图8-9　科技加速器模块效果图

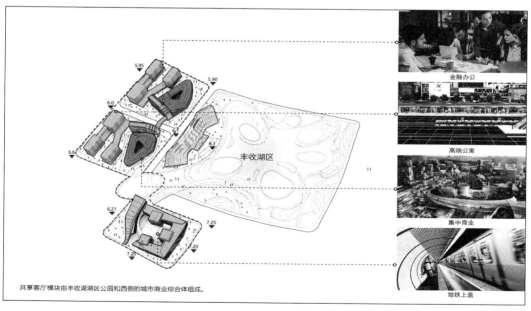

共享客厅模块由丰收湖湖区公园和西侧的城市商业综合体组成。

图8-10　共享客厅模块建筑设计意向及分区

图8-11　共享客厅模块建筑设计效果图

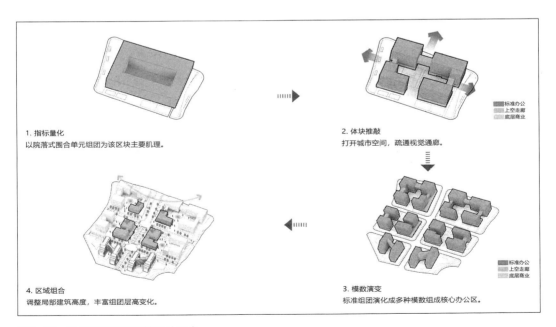

1. 指标量化
以院落式围合单元组团为该区块主要肌理。

2. 体块推敲
打开城市空间，疏通视觉通廊。

标准办公
上空走廊
底层商业

4. 区域组合
调整局部建筑高度，丰富组团层高变化。

3. 模数演变
标准组团演化成多种模数组成核心办公区。

标准办公
上空走廊
底层商业

图8-12　科技创新模块建筑设计理念

图8-13　科技创新模块建筑设计效果图

第二节　项目前期策划和可行性研究

一、项目前期策划和可行性研究的重要性

目前大量的开发类项目都需要进行项目的前期策划和可行性研究。以前往往是政府投资类项目需要进行这两项工作，现在随着城市开发运营的理念越来越深入人心，无论政府还是开发商，都需要在项目正式启动之前，进行项目的前期策划和可行性研究。在开发类的市场上也有拿地方案的称呼。此类工作对于开拓甲方思维，建立项目设计与价值之间的联系具有很大的促进作用。

二、项目前期策划和可行性研究的主要内容

项目前期策划和可行性研究的主要内容是依据上位城市规划和城市设计所规定的地块基本数据和外部条件，针对委托方的自身优势和项目的愿景，对项目进行经济价值和项目效果的研究。其工作的目的是为帮助业主做出是否启动该项目的决定和取得该项目所需的各种准备打下良好的咨询的基础，是业主与土地拥有者之间在

前期进行良好沟通的媒介。所以越来越多的业主在作出是否启动项目的决策之前委托专业的设计或咨询机构进行项目的策划和研究工作。本项工作的主要内容有以下几个方面:

1. 读清读懂上位规划

对上位规划作出的对城市各方面的规定以及关于项目经济指标的内容进行深入的研读,并且作出相应的判断。基于用地的性质、地块的周边条件、未来城市规划的相关配套措施以及地块自身的优劣点等各方面的指标和基本情况作深入的了解。

2. 深入了解业主的愿景与资源之间的匹配度

基于上位规划已经确定的用地条件及各方面城市配套的周边环境,匹配业主对本项目最终实施所期望的经济价值。其中最需要关注的是业主自身的优势条件,是否能与业主的良好愿望以及该地块的基本条件相吻合。换而言之,该项工作是必须结合业主的资源,将业主的资源发挥到极致,做出令人信服的愿景展望来打动土地的拥有者。业主和土地的拥有者可以是统一者也可以是对立者,但无论任何情况,都需要让委托方和受让方对该项目拥有充分的信心。

3. 对项目进行全周期的策划和规划

现今社会管理者和项目开发者都非常关注项目在建成之后的实际运营情况。再漂亮的城市建设,如果没有良好的前期预测和后期运营,都不能达到所期望的愿景,都会成为城市的败笔。所以,全周期的策划需要对项目未来运营的情况作出详细的说明,这其中包含:资金是否覆盖未来良好的运作?城市配套的商业回报是否足以支撑本项目的运行,并能良好地结合业主的资源优势?规模较为庞大的项目是否采用分期开发的模式以及分期开发互相之间如何带动其价值的挖掘,保证其资金的合理运作?针对土地的拥有者,是否能提出振兴城市片区的运营方案?这其中也包括了项目的商住比、自持物业的比例、产业创造的亩产税收、后续持有物业转让的条件等一系列商业条款的可实施性。只有在这些问题阐述得比较清楚的情况下,土地拥有者和项目开发者之间才能建立起相互的信任和定向转让的基础。

4. 要对项目的品类及产品类型进行规划

项目具体到落地阶段面临的基本问题即是用什么样的产品赢得项目的价值和价值实现的时序。这就需要对已建成区内同类产品进行深入细致的分析,并结合未来产品的发展方向和市场的需求做出在下一个销售时段具有良好竞争力的产品。当然，产品不是单一性的，是由多种品类的产品进行排列组合，并在多方案比较的前提下取最佳方案。在多方案的经济测算当中取最佳经济测算，必须在项目利润最大化和项目最快去化之间寻找到最大公约数，那就是最佳解。

5. 寻求最佳项目城市形态和建筑效果表达

前面4点基本都是策略的部分。在良好的策略规划和逻辑思维的引导下，如何用最佳的城市形态和建筑效果的表达来呼应匹配这样的策略是建筑设计最后要完成的工作。这一点与前期的策划并不矛盾，因为良好的建筑也是体现城市未来发展意志的最佳承载物，也是实现产品被社会所认可，提高其去化率，形成良好的品牌所需依赖的主要表达。所以仍然要回复到设计共识当中创造城市建筑的魅力方面。通过符合大家所共识的最终效果，完成本项工作。

三、服务的时序与内容

值得注意的是目前的趋势，项目的前期策划和可行性研究往往不是一次性所能完成的，有可能是分成前期的策划、商业咨询阶段和后期的效果表达、城市设计阶段，也有可能并入开发类企业的前期工作内容中，作为前期咨询费用的一部分，形成大城市片区开发滚动式的、不间断的持续改进和与时俱进的项目前期策划和可行性研究的工作，有可能会形成某一个项目按照一定时段来结算的设计服务工作结算模式。

四、案例分析

我们以金华多湖区块的拿地方案为例（图8-14），来说明前期的策划和可行性研究的工作内容。金华多湖板块是金华核心CBD板块的核心项目，其建筑规模、建筑高度、物业类型都将充分地体现出金华城市的未来风貌。所以，金华市政府以及多湖管委会对于该项目寄予厚望。我们接受开发企业的委托，对该地块进行了前期的策划和可行性研究以及最终城市设计修改的综合性前置工作内容。主要工作如下：

第一，认真研读上位城市规划，对上位城市规划和城市设计进行分析。通过分析建成区周边的情况，对城市规划中的用地属性进行相应的调整。将原规划当中南部居住区+北部商业区的规划格局调整为西部商业区+东部居住区的城市用地

划分。通过这样的调整，商务区可以很好地融入到已建成的城区商业中心当中，
而居住区可以更好地与建成区居住板块相融合，两者之间通过一定的商业强联系
形成自身统一的板块，如此，既吻合了上位城市规划的面积，又有效地调整了本
次规划的合理性（图8-14～图8-17）。

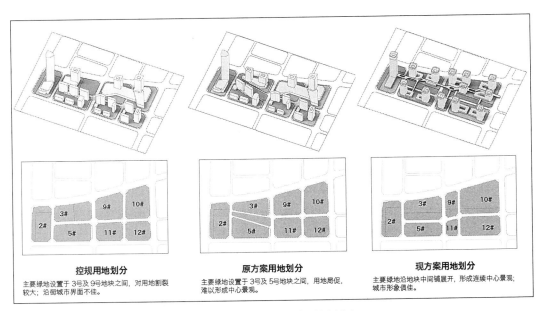

图8-14　金华多湖项目解读上位规划并提出合理调整建议（用地划分）

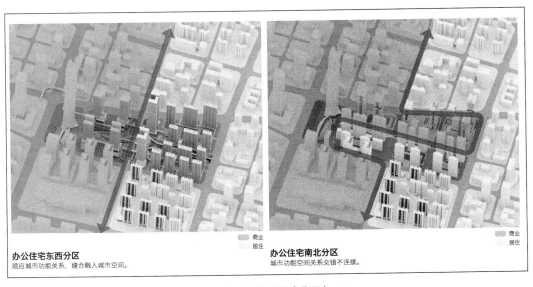

图8-15　金华多湖项目解读上位规划并提出合理调整建议（分区）

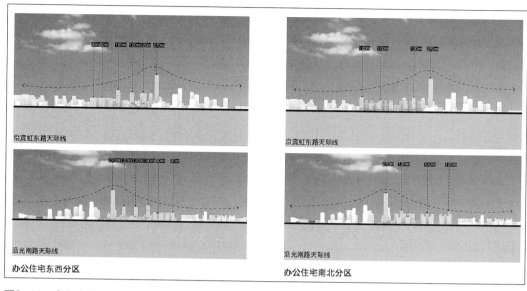

图8-16 金华多湖项目解读上位规划并提出合理调整建议（城市天际线）

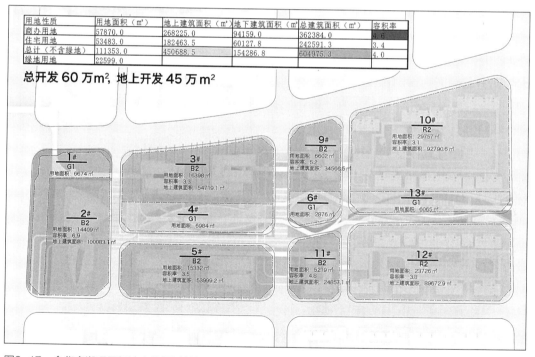

用地性质	用地面积（㎡）	地上建筑面积（㎡）	地下建筑面积（㎡）	总建筑面积（㎡）	容积率
商办用地	57870.0	268225.0	94159.0	362384.0	4.6
住宅用地	53483.0	182463.5	60127.8	242591.3	3.4
总计（不含绿地）	111353.0	450688.5	154286.8	604975.3	4.0
绿地用地	22599.0				

图8-17 金华多湖项目解读上位规划并提出合理调整建议（指标）

　　第二，结合业主的优势。委托方业主在全国有众多的超高层建筑和大型城市商业综合体的建造和运营能力。无论是超高层办公酒店还是商业办公区，都在全国有令人瞩目的地标性建筑实施并运营。同时，业主在智能化全景式建筑以及游乐项目

各方面也占有一席之地。所以结合业主的各项优势，植入到本次的项目前期策划和
规划当中。延长业主的资源优势，将资源优势转变成建筑的品类，形成打动政府的
解决方案（图8-18）。

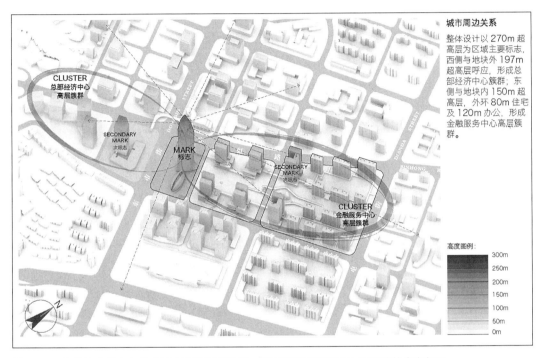

图8-18　充分结合业主在超高层方面的资源优势，提出建设以超高层为地标的综合商务区

　　第三，对项目全周期、全品类进行了相应的规划。这其中对项目的商业植入内
容、各功能板块之间的联系以及良好的产品表达都作了相应的阐述，并且在结合国
际著名对标案例的基础上，提出了以核心绿轴为中央活力带的设计基本架构，围绕
活力带为金华打造一座具有城市乐活性质的中央商务区（图8-19）。
　　第四，城市空间和建筑效果表达。本项目作为金华未来建筑的制高点，要打
造一座280m的超高层建筑，统领金华多湖商务区的众多超高层建筑。我们提出了
以"城市之眼"为设计主题的建筑造型设想，对标世界著名的超高层建筑顶部，
分析如何形成如"城市之眼"这种形态的视觉聚焦点，打造具有昭示性和标志性
的建筑物，并进行了多方案的比较，提出了自己的最佳方案。同时，对于"城市
之眼"的内容以及将来的运营方案作了相应的阐述。再一次回归到上位规划和城
市的视野当中去考证项目建筑群落的看与被看的关系，获得了政府和业主的一致
好评（图8-20～图8-22）。

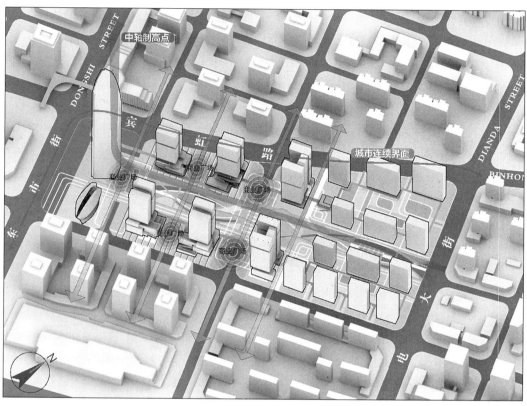

图8-19 核心绿轴,建筑有序展开

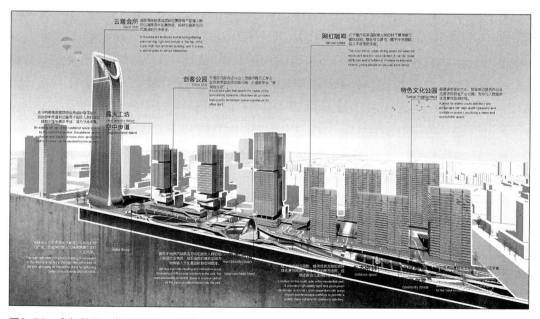

图8-20 全年龄段、全周期的城市设计

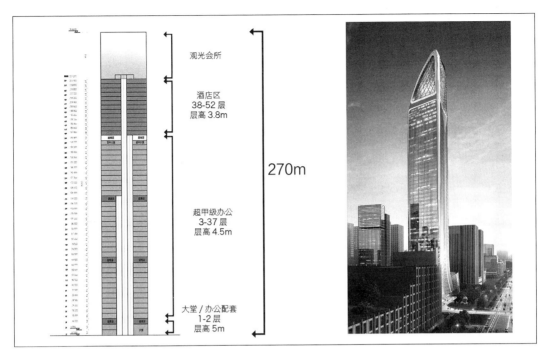

图8-21 "城市之眼"建筑设计

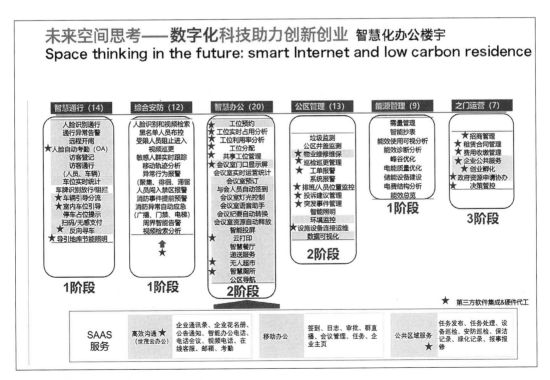

图8-22 "城市之眼"未来的运营方案

第三节 设计传承和创新设计

一、建筑设计传承与创新的意义

建筑设计需要创新，也需要从过往实践中汲取经验进行传承。传承的过程避免设计再犯以前的错误，创新的过程赋予每一个方案独特的生命力，对于一个高完成度的优秀建筑作品，这两个过程缺一不可。设计传承在以往过多地依赖设计师个人的经验，少数的经验分享难以深入到设计的角角落落中，当设计到了细节上，年轻建筑师便经常不知所措。另一方面，设计创新也经常依靠设计师的灵光一现，但最终呈现的效果又经常与设计师的设计大相径庭，因为没有依据的创新往往是空中楼阁。

二、产品系与设计传承和创新

我们在实践中探索出了产品系的设计逻辑，产品系本身已经包含了此前无数实际项目的经验教训，也与市场上的产品进行过对比，验证了市场竞争力，更在一次又一次实际运用的过程中查漏补缺，更新迭代，用产品系的方式快速进行设计传承，使新方案可以站在巨人的肩膀上。同时，产品系为创新提供了设计依据，创新也赋予产品系和方案新的活力。我们通过模数、对标等方式为设计创新提供可落地的前置条件，使创新设计最终有落地性的保障，同时设计创新也为产品本身提供了更多可能性。

三、案例——杭州某产业园项目

1. 体块强排的产品系设计传承及创新

以杭州某产业园项目为例，在体块强排时，我们采用网格法，基于产品系、产品柱网以及结构经济性、合理性的逻辑，将地块划分为18m×18m的网格，将高层办公产品系体块模型排布在场地沿街面，体现昭示性，然后将50m办公多层独栋产品体块布置在内圈，用景观形成多级焦点，成为全区的核心，配套裙房形成三层商业动线，串联全区，在产品系的传承基础上完成了完全可落地的总图排布。随后，我们进行了单体创新，首先将产品的方正矩形进行倒角处理，强调出现代感的建筑无硬角的理念，倒角依据产品系立面模数进行处理。将单体体块旋转45°，减少高楼对视，增加高楼景观面，形成有律动感的沿街立面，同时两栋高楼之间形成自然的落客空间（图8-23~图8-28）。

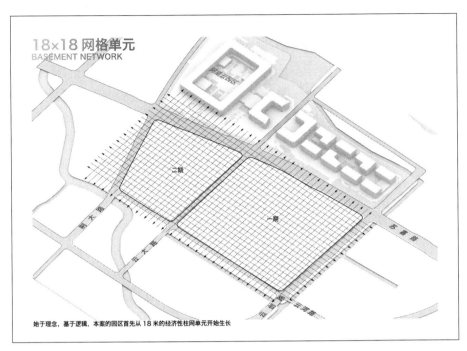

图8-23　方案生成过程（1）——划分网格

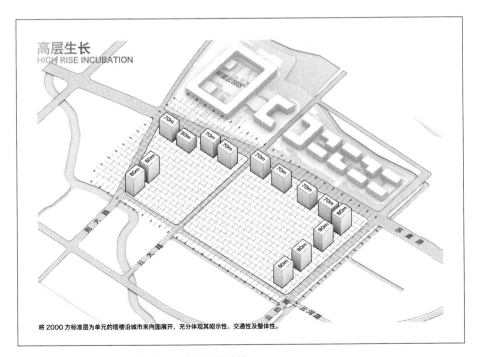

图8-24　方案生成过程（2）——生成高层体块

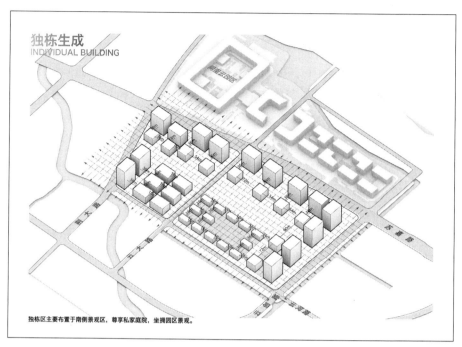

图8-25 方案生成过程（3）——生成多层体块

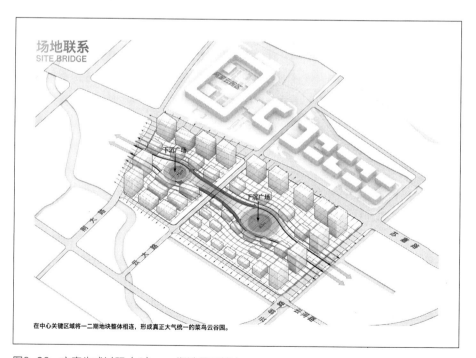

图8-26 方案生成过程（4）——塑造景观核心

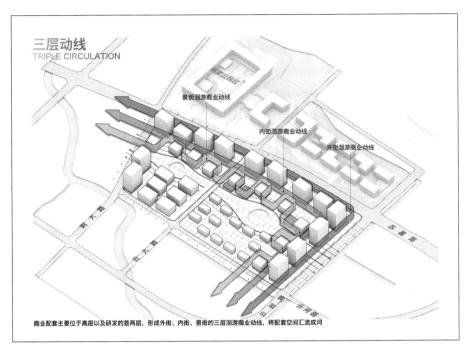

图8-27 方案生成过程（5）——动线串联裙房

图8-28 方案生成过程（6）——单体创新，最大化景观面，塑造礼仪空间

2. 平面设计的产品系设计传承及创新

在平面设计上，产品系原型标准层面积为1648m²，本案中标准层面积要求为2000m²，结构外边缘到核心筒的距离受结构梁高及造价限制，因此建筑外轮廓和核心筒均需较原型扩大。产品系的核心筒可分为疏散楼梯、电梯厅、卫生间、后勤走廊、消防电梯+管井五大模块，每个模块边缘清晰，可换位组合。我们采用了产品系的核心筒设计逻辑及模块，电梯厅模块由于建筑总面积增加，在本案中增加两组电梯，卫生间模块增加厕位，最后将五大模块再次进行组合，得到了符合本案要求的核心筒。根据产品系的柱网和立面模数，我们扩大了标准层面积，但依然符合产品系的标准层和立面设计逻辑（图8-29、图8-30）。

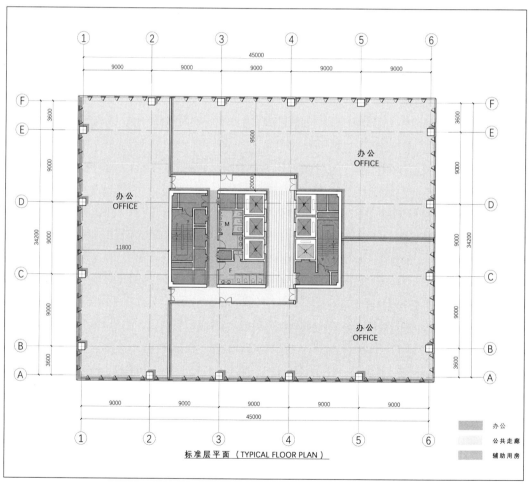

图8-29 办公产品系标准层原型

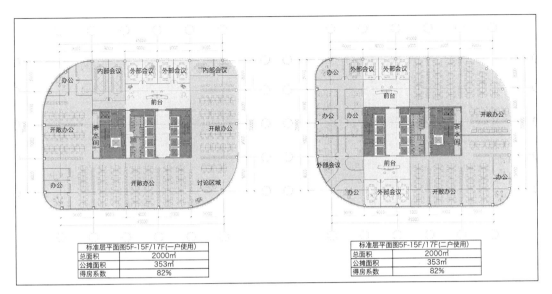

标准层平面图5F-15F/17F(一户使用)	
总面积	2000㎡
公摊面积	353㎡
得房系数	82%

标准层平面图5F-15F/17F(二户使用)	
总面积	2000㎡
公摊面积	353㎡
得房系数	82%

图8-30　产品标准层

同时，为了契合项目的多样化客群需求，我们创新设计了"可分可合"的单元企业生态，通过立体联系，将功能组合成1000~10000m²的单元面积区间，适应不同规模的企业办公需求，形成多总部集合园区（图8-31）。对城市人流来向再次进行疏导分析，在街角城市形象面再次打造人行入口广场。高层塔楼共享大堂，通过活力环将塔楼与配套空间串联为一个整体，增加组团内的空间活力。

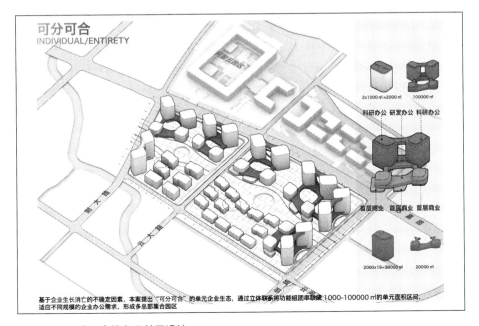

图8-31　可分可合的办公单元设计

3. 立面设计的产品系设计传承及创新

立面设计上，根据设计理念采用产品系中的横线条扩展型，通过外衬玻璃的方式消化平面开启扇，满足外立面效果统一及室内通风要求。与幕墙专业设计单位深入沟通，对比了1500+750、2250+750两种模数的三种具体方案的实际效果，最终将立面模数优化为2250（固定玻璃）+750（开启扇），单片玻璃更大，视线更好，凸显了城市公共共享空间的开放性与活力，立面也更为干净、挺拔、富有雕塑感，同时成本上也并无增加，达到了美观性与经济性的统一（图8-32、图8-33）。

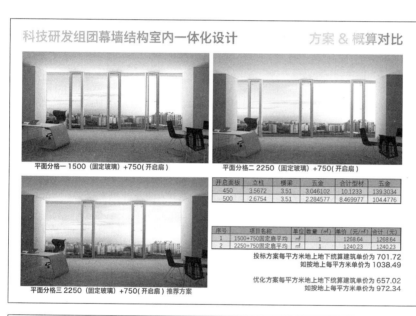

图8-32　三种立面方案效果及造价对比，最终选择了第三种方案，视野更好，造价平衡

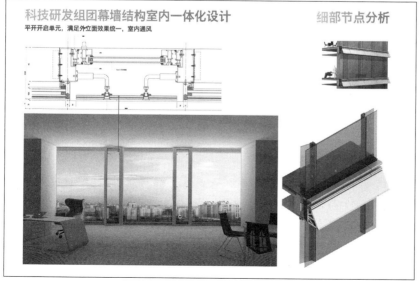

图8-33　立面开启扇设计

第四节　方案创新和落地执行

一、建筑方案创新和落地的依据

建筑方案的创新和落地的执行，表面上看是方案、方案深化、施工图阶段的工作前后端的延续，但事实上方案不可能一蹴而就，而是在前后期不断的探求当中，去追寻建筑真正的内部空间。工作过程会呈现出持续不断的脉动式创新和落地工作，每一次的设计都是对服务对象的进一步的深入了解与诠释。这项工作主要由以下几个内容组成：

1. 方案的竖向设计和项目的组织架构再落位

在建筑概念方案阶段，往往对于该项目的组织架构有初步的了解和大致的描述。但是在项目深入的过程中，项目的组织架构会不断调整。无论是办公建筑、商业建筑、酒店建筑还是各种文化设施综合建筑，都会随着项目的深入和入驻企业的不断更新提升而产生新事物的发展或者逐渐地逼近事物的本质。在这个过程中，就需要设计不断地调整，更好地满足项目在三维空间上的企业组织架构。

2. 方案的平面设计和使用功能的再落位

随着项目的深化，原有的建筑平面的通用性会越来越受到各种情况的影响，如何让建筑的平面更贴近未来的使用者，并且通过建筑的思维将诸多的变化提炼成更简洁、更适合的语言去实施，也是建筑平面进一步精进演化的前置条件。

3. 方案的立面设计和幕墙再落位

概念方案的外立面设计很大程度上是以建筑美学为主导的表达方式。在实际的使用过程中如何让概念方案中的建筑立面与未来使用人群的舒适度、外围护结构的综合性能相匹配是后续需要不断深化设计的内容。

二、案例分析——恒生云中心

1. 竖向空间创新落地

针对本项目为恒生集团企业总部的建筑特性，我们对项目的竖向设计、平面设计、立面设计进行了不断深化的工作，目的是使得本项目落成后恒生企业总部的标志性、舒适性、匹配度都成为同类项目的标杆。所以，结合恒生企业的特点，将其总裁办、事业部、研发部等办公空间的总体安排和会议中心、食堂、运动、商业以及大量的培训、面试所需的不同配套空间在竖向上作了反复商议，在与企业内部相关组织人员进行深入交谈之后，对项目的竖向设计进行了数次修改，最终使得项目各功能在竖向安排、人员的水平向流动都达到了最佳平衡点。尤其是结合企业事业部的最小单元和最大单元在超高层建筑标准层的限制条件下对层与层之间的竖向交通进行了融合开敞，采用阳光式的层间楼梯+讨论区+书吧+休闲水吧等组合，等同于将每个事业部放到超高层的不同高程之中，匹配恒生集团事业部的基本规模和行动轨迹（图8-34）。

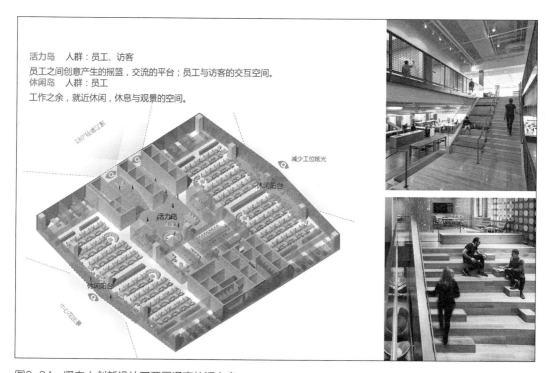

图8-34 竖向上创新设计了两层通高的活力岛

2. 水平空间创新落地

在标准平面设计方面，结合恒生这种类型的IT企业的工作特性，将建筑的核心筒置于标准层的两边，使得核心筒内的电梯厅、楼梯间、卫生间以及层与层之间的交通都能够达到全明的状态，真正实现全天候无死角的功能使用空间。而标准层中部日照不足的区域设置会议室和数据中心机房等对日照并不敏感的房间，进行集中设置。结合保密原则，将工作区与访问区分离，依据互不干扰原则，将办公区放置在建筑中部，有效地隔断外访人员与内部工作人员的动线混同（图8-35）。

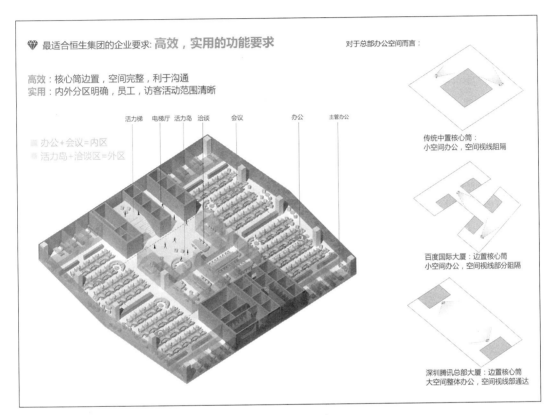

图8-35 水平向上创新性地将核心筒分置，恰好符合业主的需求

3. 围护空间创新落地

项目结合恒生的互联网+金融创新的企业特征，作了钻石镶嵌的立面基本肌理的处理。外挂的铝板作为装饰构件，同时也承担着遮阳以及遮挡开启扇的功能，通过参数化模拟设计使得整个立面一气呵成。开启扇采用内开式的隐藏式开启，在外表皮铝板装饰构件的掩映下，建筑幕墙玻璃的日常开启对建筑外立面的破坏基本等于零（图8-36、图8-37）。

通过以上竖向、水平、围护不同方面的逐渐深化，并且将三者互相关联起来，最终将项目变成能够让区政府满意、业主感到自豪、员工工作极富创意和活力的真正的总部企业办公大楼。

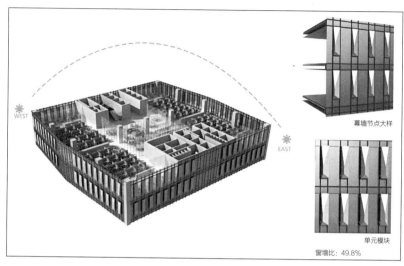

图8-36 立面的装饰铝板同时也是遮阳构件，装饰与遮阳一体化

图8-37 立面的装饰铝板背后隐藏了开启扇，装饰与通风一体化

第五节 深化设计和施工把控

一、深化设计对施工的把控

建筑设计本身就是从二维的图纸或三维的模型转变成实实在在的城市构筑物的

过程。所以，在此期间，设计师是否能够有效地把控设计的意图、品质的追求，也体现出了设计师的综合实力水平。另外，图纸表达再清晰，图纸描述再翔实，也未必能解决建筑最后完成度的效果等问题。建筑师需要依据建筑材料的颜色、性能、做法，最终结合现场做出相应的设计调整等工作，要具备极强的把控能力，并且大量地积累相关的数据，为下一次的选择打下良好的基础。同时，也要为打造让建筑设计能够很好地在现场项目的落地的可执行的流程工具。这就需要循序渐进、由浅入深的层层工具来辅助设计师有效地把控现场。

二、案例分析

以杭州某科技园项目幕墙设计为例，在完成建筑方案和幕墙公司深化图纸之后，建筑主体快速推进，幕墙的工作就需要设计以最快的速度进行定夺，并不断地重复试验来达到方案所要求的最终效果。这个过程分几个阶段：

1. 第一阶段：建立样板模型

深入地分析本建筑外立面设计的部品部件，将其进行翔实的分类，并且提取其具有代表性的节点，在设计当中将有代表性的设计节点进行组合，形成三维的模型图纸。考虑到现场加工的难度系数，对幕墙的样板段进行二次设计，并且结合二次设计对幕墙设计提出相应的要求（图8-38）。

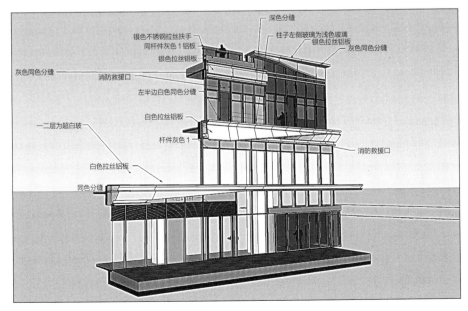

图8-38 杭州某科技园项目样板模型

2. 第二阶段：选择样品阶段

在幕墙施工企业提供的样板中选出2～3种与建筑设计所需要的效果基本吻合的
建筑材料进行封样，作为上墙样板材料对比的初始材料样板。同时通过一次上墙选
择，最终选定1～2种建筑材料用于大规模制作样板墙（图8-39）。

MATERIAL SCHEDULE 外立面材料控制表

NO. 编号	SAMPLE 样板	NAME/TYPE 名称	FINISH 表面处理	COLOR 颜色	SIZE 尺寸/厚度	LOCATION 位置	CONTACT 联系方式	NOTES 备注
Glass 玻璃								
G1		临街大面玻璃	光面	灰色（近GL-3）	5mm半钢化+1.14pvb+5mm半钢化Low-e+12A+6mm钢化夹胶中空玻璃	三层及以上办公临街面	南玻WJ190505010 吴江南玻华东工程玻璃有限公司 贾工	GL-3夹胶对比色差样板（材料样板及供货厂家信息仅供比色参考咨询只用，不作为选料标准）
G2选项1（样板编号G1）		非临街大面玻璃	光面	中性灰色	6mmlow-e+12A+6mm钢化中空玻璃	三层及以上办公非临街面	南玻WJ190505007 吴江南玻华东工程玻璃有限公司 贾工（材料选材仅供比色参考，不作为选料标准）	镀膜曲面玻璃不可弯，但有基本无色差的玻璃产品可协调配置（材料样板及供货厂家信息仅供比色参考咨询只用，不作为选料标准）
G2选项2（样板编号G11）		非临街大面玻璃	光面	蓝灰色	6mmlow-e+12A+6mm钢化中空玻璃	三层及以上办公非临街面	南玻WJ190429038 吴江南玻华东工程玻璃有限公司 贾工	镀膜曲面玻璃可弯（材料样板及供货厂家信息仅供比色参考咨询只用，不作为选料标准）
G3		临街层间玻璃	光面	灰色（近GL-3）	5mm钢化+1.14PVB+5mm阳光热反射镀膜钢化夹胶玻璃	三层及以上临街面层间玻璃	南玻WJ190**** 吴江南玻华东工程玻璃有限公司 贾工	暂缺（材料样板及供货厂家信息仅供比色参考咨询只用，不作为选料标准）
G4（样板编号G3）		点式夹片玻璃	光面	灰色（近GL-3）	8mm+1.52pvb+8mm阳光热反射镀膜圆角夹胶钢化玻璃	隐形开启扇外侧夹片玻璃	南玻WJ180803096 吴江南玻华东工程玻璃有限公司 贾工	（材料样板及供货厂家信息仅供比色参考咨询只用，不作为选料标准）
G5		塔冠玻璃	光面	灰色（近GL-3）	8mm钢化+1.14PVB+8mm阳光热反射镀膜钢化夹胶玻璃	塔冠玻璃		参样GL-5
G6		雨棚玻璃	光面	透明	6mm钢化+1.14PVB+6mm钢化夹胶玻璃	出屋面出入口上方玻璃雨棚		超白玻璃不出小样
G8		栏板玻璃	光面	透明	6mm半钢化+1.14PVB+6mm半钢化夹胶玻璃	露台屋顶玻璃栏板处玻璃		超白玻璃不出小样
G12		店面玻璃	光面	透明	8mmlow-e+12A+8mm超白钢化中空玻璃	首二层		超白玻璃不出小样
METAL 金属								
MT-1选项1		线条铝板	亚光珠光漆氟碳喷涂	白色	3mm	横向大线条	吉祥美泰瑞JM01-1171 上海吉祥建材集团 朱工	此样板可能存在大小样板效果微差（材料样板及供货厂家信息仅供比色参考咨询只用，不作为选料标准）
MT-1选项2		线条铝板	亚光金属漆氟碳喷涂	亮银色	3mm	横向大线条	吉祥美泰瑞JM01-0713 上海吉祥建材集团 朱工	（材料样板及供货厂家信息仅供比色参考咨询只用，不作为选料标准）
MT-2		背衬铝板	粉末喷涂	浅灰色	2mm	层间等需要内衬的玻璃后方	吉祥美泰瑞JM01-1160 上海吉祥建材集团 朱工	仅作为色彩参考样板
MT-3		铝合金型材	氟碳喷涂	深灰色		窗框杆件室外部分	山东华建铝业 KL3E97242C	（材料样板及供货厂家信息仅供比色参考咨询只用，不作为选料标准）
MT-4		铝合金型材	氟碳喷涂	浅灰色		窗框杆件室内部分	山东华建铝业 K6542-1102	（材料样板及供货厂家信息仅供比色参考咨询只用，不作为选料标准）

图8-39 杭州某科技园项目选样表

3. 第三阶段：建立实体样板

在幕墙施工企业选定的地址，建造一座能够集建筑立面典型节点于一体的幕墙样板段。该幕墙样板段不光表现立面的材质做法，同时也要考虑各个建筑细节、未来商业运营以及室内外，都要能在样板段中表达完整，并且督促幕墙施工企业在样板段的实施过程中，站在项目效果的角度，不断调整直至达到设计方满意的完成效果（图8-40）。

图8-40　杭州某科技园项目实体样板

4. 第四阶段：确定实体样板

其中，业主代表、施工企业、设计方一起对完成的幕墙样板段进行视察，并且提出整改意见。同时，经过整改的幕墙样板段集成为幕墙施工招投标的依据。

5. 第五阶段：建筑主体二次上墙样板

当建筑主体落成之后，在建筑主体的结构框架上再一次实施样板段工程上墙。在实地实景的情况下再一次体会幕墙样板段在真实建筑中的表达力，并最终形成大面积铺开幕墙施工的标准节点段。

图8-41 杭州某科技园项目主体上墙样板

第六节 项目咨询和现场管理

一、项目咨询和现场管理的意义

项目的合力交付离不开现场的咨询和管理，从前期到设计，到深化和实施，直至交付，共同组成了完整的合力交付平台的体系与执行，这亦是保证建筑项目高完成度落地的重点，也是当前正在推行的建筑师负责制的有效体现。在这一阶段中，建筑师需要进一步完善现场执行体系，对整体项目所涉及的多样化内容进行分析与统筹，实现良好的管控效果，真正意义上的"建筑设计技术"的工作领域应扩大化解释为包括设计技术、施工技术、管理技术。管理处于中心，是串联设计与施工、办公与现场的一条主线，其中现场的咨询和管理是不可或缺的一环。

二、设计师的角色转变

作为以设计为龙头的全周期合力交付体系，在现场管理中，设计师应转变角色，积极做好对项目经理的咨询和配合，在项目经理的统筹管控下，由控制经理、设计经理、采购经理、施工经理、安全经理各司其职、共同协作，使工程项目质量、进度、变更、费用、验收等方面达到预期的控制范围。

三、项目现场人员组织及任务安排

对于小量的图纸交底或设计变更，可由现场设计代表进行，对于大批量的图纸交底或设计变更，应由设计负责人或设计经理统筹相关专业负责人进行，现场设计代表的工作应纳入现场工程项目部的管理范围。

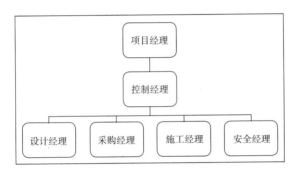

图8-42　项目现场人员组织

在项目现场管理过程中，沟通应以"归口沟通、对等沟通"为原则，以不伤害既定合同利益、巩固双方关系及再次合作为出发点，落实沟通管理责任，有效沟通。项目设计相关的现场沟通管理包含以下程序：

实施沟通目标分解，分析各分解目标自身需求和相关方需求，评估各目标的需求差异，制定目标沟通管理计划，明确沟通责任人、沟通内容和沟通方式，按照既定方案进行沟通，总结评价沟通效果等。

有效识别相关干系人，包括责任领导、建设单位、使用单位、招商团队、运营团队、物业公司、监管审批部门、监理单位、跟踪审计单位、施工分包商、材料供应商、其他等干系人，对项目成功实施非常重要。通过识别全部潜在的项目干系人及其相关信息，了解干系人之间的关系，分析干系人的利益、诉求、预期、重要性、影响力，将干系人进行合理的分类，如按利益、影响力和参与程度分类，集中处理重要关系，提高干系人的正面积极影响，确保项目的高效落地。作为以设计为龙头的全周期合力交付体系，应做好对相关干系人的识别、分析和评估，确保其对技术方案、动态设计、现场条件、工期进度、质量安全等方面的配合，提高项目整体工作效率。

第七节　信息模型和智慧工程

近年来，随着中国建筑市场的高速发展，建筑方案完成度不高的问题进一步暴露，如何利用新技术、新手段来提升甚至打破广大建筑设计从业人员习以为常的传统设计观念和设计模式，成为一个值得思考的问题。高完成度的设计对专业之间的配合要求很高，BIM技术凭借着传统二维图纸所不具备的一系列突出优势，为建筑方案高完成度落地提供了有力支撑。

一、可视化

可视化即"所见所得"的形式，对于建筑行业来说，可视化的真正运用在建筑业的作用是非常大的，例如经常拿到的施工图纸，只是各个构件的信息在图纸上采用线条进行的绘制表达，但是其真正的构造形式就需要建筑业从业人员去自行想象了。BIM提供了可视化的思路，将以往的线条式构件变成一种三维的立体实物图形展示在人们的面前。建筑业也有设计方面的效果图，但是这种效果图不含有除构件的大小、位置和颜色以外的其他信息，缺少不同构件之间的互动性和反馈性。而BIM提供的可视化是一种能够同构件形成互动性和反馈性的可视化，由于整个过程都是可视化的，可视化的结果不仅可以用效果图展示及报表生成，更重要的是，项目设计、建造、运营过程中的沟通、讨论、决策都在可视化的状态下进行。

二、协调性

协调是建筑业中的重点内容，不管是施工单位，还是业主及设计单位，都在做着协调及配合的工作。一旦项目实施过程中遇到了问题，就要将各有关人士组织起来开协调会，找各个施工问题发生的原因及解决办法，然后做出变更，采取相应补救措施等来解决问题。在设计时，往往由于各专业设计师之间的沟通不到位，出现各种专业之间的碰撞问题。例如暖通等专业中的管道布置是各自绘制在各自的施工图纸上的，在真正的施工过程中，可能在布置管线时正好在此处有结构设计的梁等构件阻碍管线的布置，像这样的碰撞问题的协调解决就只能在问题出现之后再进行。BIM的协调性服务就可以帮助处理这种问题，也就是说，BIM建筑信息模型可在建筑物建造前期对各专业的碰撞问题进行协调，生成协调数据，并提供出来。当然，BIM的协调作用也并不是只能解决各专业间的碰撞问题，它还可以解决例如电梯井布置与其他设计布置及净空要求的协调、防火分区与其他设计布置的协调、地下排水布置与其他设计布置的协调等。

三、模拟性

模拟性并不是只能模拟设计出的建筑物模型，还可以模拟不能够在真实世界中进行操作的事物。在设计阶段，BIM可以对设计上需要模拟的一些东西进行模拟实验，例如节能模拟、紧急疏散模拟、日照模拟、热能传导模拟等；在招投标和施工阶段，可以进行4D模拟（三维模型加项目的发展时间），也就是根据施工的组织设计模拟实际施工，从而确定合理的施工方案来指导施工，同时还可以进行5D模拟（基于4D模型加造价控制），从而实现成本控制；后期运营阶段，可以模拟日常紧急情况的处理方式，例如地震逃生模拟及消防人员疏散模拟等。

四、优化性

事实上，整个设计、施工、运营的过程就是一个不断优化的过程。当然，优化和BIM也不存在实质性的必然联系，但在BIM的基础上可以作更好的优化。优化受三种因素的制约：信息、复杂程度和时间。没有准确的信息，做不出合理的优化结果，BIM模型提供了建筑物的实际存在的信息，包括几何信息、物理信息、规则信息，还提供了建筑物变化以后的实际存在信息。复杂程度较高时，参与人员本身的能力无法掌握所有的信息，必须借助一定的科学技术和设备的帮助。现代建筑物的复杂程度大多超过参与人员本身的能力极限，BIM及与其配套的各种优化工具提供了对复杂项目进行优化的可能。

五、可出图性

BIM模型不仅能绘制常规的建筑设计图纸及构件加工的图纸，还能通过对建筑物进行可视化展示、协调、模拟、优化，并出具各专业图纸及深化图纸，使工程表达更加详细。